重庆工商大学大数据智能化特色专业电子信息工程专业建设资金资助

通信原理实验教程

彭燕妮◎主　编
王荣秀　杨　婷◎副主编
杨　艺◎主　审

中国铁道出版社有限公司
2024·北京

内 容 简 介

本书为重庆工商大学大数据智能化特色专业电子信息工程专业建设资金资助项目。全书为配合“通信原理”课程理论知识的学习而编写，包括两篇共二十个实验：上篇以实验箱为操作平台设置了十个实验；下篇设置了基于软件无线电平台的十个实验，旨在提高学生通信工程相关的动手实践能力、分析问题和解决问题的能力。

本书可作为高等学校电子信息工程专业、测控技术与仪器专业以及高等职业院校铁道通信与信息化技术专业的教材，也可作为通信工程技术人员的参考书。

图书在版编目(CIP)数据

通信原理实验教程/彭燕妮主编. —北京：中国铁道出版社有限公司，2022.8(2024.2 重印)

重庆工商大学大数据智能化特色专业电子信息工程专业建设资金资助

ISBN 978-7-113-29470-0

Ⅰ.①通… Ⅱ.①彭… Ⅲ.①通信理论-高等学校-教材 Ⅳ.①TN911

中国版本图书馆 CIP 数据核字(2022)第 132576 号

书　　名：通信原理实验教程
作　　者：彭燕妮

策　　划：吕继函
责任编辑：吕继函　　**编辑部电话：**(010)51873205　　**电子邮箱：**312705696@qq.com
封面设计：尚明龙
责任校对：孙　玫
责任印制：高春晓

出版发行：中国铁道出版社有限公司(100054，北京市西城区右安门西街 8 号)
网　　址：http://www.tdpress.com
印　　刷：三河市燕山印刷有限公司
版　　次：2022 年 8 月第 1 版　2024 年 2 月第 2 次印刷
开　　本：787 mm×1 092 mm 1/16　**印张：**6.75　**字数：**149 千
书　　号：ISBN 978-7-113-29470-0
定　　价：29.00 元

前　言

科学技术的飞速发展推动着通信技术日新月异，无论通信速度、通信设备以及通信应用场景如何变化，通信的基本原理、内在联系及极限条件等都不会改变，“通信原理”课程即为深入分析相关理论的课程。

“通信原理”是电子信息工程及相关专业一门非常重要的专业课程，其内容覆盖广，理论难度大，实践性较强。为配合课程理论知识的学习，特编写本实验教程，旨在切实落实工程教育理念，加深学生对各通信系统所涉及的理论知识的理解，提高学生通信工程相关的动手实践能力、分析问题和解决问题的能力。

本教程设置实验预习环节，强调学生主动参与实验设计，更适应对新工科学生的要求，也是我校电子信息工程特色专业建设成果之一。

全书实验软硬件结合，包括上、下两篇共二十个实验，上篇以实验箱为操作平台设置了十个实验，各实验采用搭建实验模块的方式构成实验系统，能锻炼学生识电路图、认元器件以及理解电路运行一般规律的能力。本教程改变以往实验指导书直接告诉学生如何连接实验电路的做法，而是强调学生通过预习实验内容与要求，在学习各模块功能和引脚介绍的基础上，自行设计并画出实验模块连接图，这样有利于学生真正了解系统结构与实验原理。随着现代通信技术的发展，软件无线电的应用越来越广泛，本教程下篇设置了基于软件无线电平台的十个实验。这部分实验能锻炼学生数字信号处理能力和编程能力，使学生认识到在基于同一个硬件平台的前提下通过编写不同程序可以实现不同通信传输方式。这部分实验仍然强调学生的课前预习，要求学生做实验前看懂例程，实验课中除观察仿真输出波形外，还参照例程编写出相似功能的程序以完成通信过程。

本教程由重庆工商大学“通信原理”课程组成员编写，彭燕妮任主编，王荣秀、杨婷任副主编，杨艺任主审。其中，彭燕妮编写了实验一至实验七、实验十六至实验二十；王荣秀编写了实验八至实验十、实验十四和实验十五；杨婷编写了实验十一至实验十三。

感谢刘源洋同学绘制本书中各插图。

由于编者水平有限，书中难免出现疏漏或不妥之处，恳请读者批评指正。

编　者

2022 年 2 月

目　录

第一篇　硬件实验箱部分

第二篇　软件无线电部分

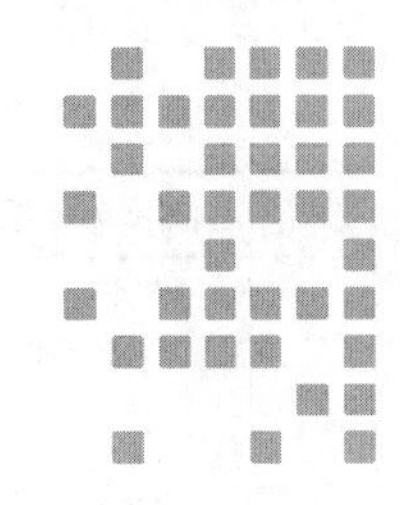

第一篇 硬件实验箱部分

实验准备

本书第一篇介绍的"通信原理教学实验系统"(型号:RC-TX-VI)实验箱,共配置 17 个实验模块,涵盖完成通信原理实验所需的信号源及各功能实现模块,每个实验需要从中选出若干个模块组成一个完整系统以完成相关实验,实验输出结果一般用示波器显示。

各实验功能模块介绍见表 1-0-1。

表 1-0-1 通信原理教学实验系统实验功能模块介绍

序号	模块编号及名称	功能	测试点及输入/输出点
1	RC-ZHTX-01 数字信号源模块	数字信号源,产生 NRZ 码元	• CLK_OUT:时钟信号测试点,输出信号频率为 4.433 619 MHz。 • NRZ_OUT:数字基带信号(NRZ)输出点。 • BS_OUT:信源位同步信号输出点,频率为 170.5 kHz。 • FS_OUT:信源帧同步信号输出点,频率为 7.1 kHz
2	RC-ZHTX-02 数字调制模块	实现 2ASK、2FSK、2PSK、2DPSK 四种数字调制	• CLK_IN:时钟信号输入点。 • NRZ_IN:数字基带信号输入点。 • BS_IN:位同步信号输入点。 • BK:相对码测试点。 • AK:绝对码测试点(与 NRZ-IN 相同)。 • CAR:载波测试点。 • 2DPSK_OUT:2DPSK/2PSK 信号测试点/输出点。 • 2FSK_OUT:2FSK 信号测试点/输出点。 • 2ASK_OUT:2ASK 信号测试点
3	RC-ZHTX-03 2FSK 解调模块	实现 2ASK 和 2FSK 的数字解调	• 2FSK_IN:2FSK 信号输入点/测试点。 • BS_IN:位同步信号输入点。 • LPF:低通滤波器输出点/测试点。 • NRZ(B):位同步提取输出测试点。 • NRZ_OUT:解调输出信号输出点/测试点。 • FD:2FSK 过零检测输出信号测试点

续上表

序号	模块编号及名称	功　　能	测试点及输入/输出点
3	2DPSK解调模块	实现2PSK和2DPSK的数字解调	• 2DPSK_IN:2DPSK信号输入点/测试点。 • CAR_IN:相干载波输入点。 • BS_IN:位同步信号输入点。 • NRZ_OUT:解调输出绝对码输出点/测试点。 • BK:解调输出相对码测试点。 • NRZ(B):整形输出信号输出点/测试点。 • MU:相乘器输出信号测试点。 • LPF:低通、运放输出信号测试点
4	RC-ZHTX-04 载波恢复模块	从2DPSK信号中提取同步载波信号	• 2DPSK_IN:2DPSK信号输入点。 • MU:平方器输出信号测试点。 • VCO:VCO输出信号测试点。 • UD:鉴相器输出信号测试点。 • CAR_OUT:相干载波信号输出点/测试点。 • FD:2FSK过零检测输出信号测试点
5	RC-ZHTX-05 数字锁相环及位同步恢复模块	从基带信号中提取位同步信号	• DATA_IN:数字基带信号输入点。 • BS_OUT:位同步信号输出点
6	RC-ZHTX-06 帧同步恢复模块	从基带信号中提取帧同步信号	• TH:判决门限电平测试点。 • BS-IN:位同步信号输入点。 • NRZ-IN:数字基带信号输入点。 • FS-OUT:帧同步信号输出点
7	RC-ZHTX-07 数字终端模块	数字基带通信系统接收端	• NRZ-IN:数字基带信号输入端。 • BS-IN:位同步信号输入端。 • FS-IN:帧同步信号输入端。 • SD:抽样判决后的时分复用信号测试点。 • BD:延迟后的位同步信号测试点。 • FD:整形后的帧同步信号测试点。 • D1:分接后的第一路数字信号测试点。 • B1:第一路位同步信号测试点。 • F1:第一路帧同步信号测试点。 • D2:分接后的第二路数字信号测试点。 • B2:第二路位同步信号测试点。 • F2:第二路帧同步信号测试点
8	RC-ZHTX-08 HDB_3编译码模块	实现HDB_3码编码及译码	• HDB_3-IN:HDB_3码译码数据输入端。 • CCLK:编码时钟输入端。 • DIN:编码数据输入端。 • HDB_PN:HDB_3码整流输出信号。 • DOUT:译码结果输出端。 • DCLK:译码时钟输入端。 • HDB_3-OUT:HDB_3码编码输出端
9	RC-ZHTX-09 数字编解码模块	实现CMI码编码及译码	• CCLK:编码时钟输入端。 • DIN:编码数据输入端。 • CMI-OUT:CMI编码输出端。 • DCLK:译码时钟输入端。 • CMI-IN:CMI译码输入端。 • DOUT:译码结果输出端

续上表

序号	模块编号及名称	功　能	测试点及输入/输出点
9	RC-ZHTX-09 数字编解码模块	实现差分码编码及译码	• CCLK:编码时钟输入端。 • DIN:编码数据输入端。 • DIFF-OUT:差分码编码输出端。 • DCLK:译码时钟输入端。 • DIFF-IN:差分码译码输入端。 • DOUT:译码结果输出端
		实现密勒码编码及译码	• CCLK:编码时钟输入端。 • DIN:编码数据输入端。 • MILLER-OUT:密勒码编码输出端。 • DCLK:译码时钟输入端。 • MILLER-IN:密勒码译码输入端。 • DOUT:译码结果输出端
		实现曼彻斯特码编码及译码	• CCLK:编码时钟输入端。 • DIN:编码数据输入端。 • M-OUT:曼彻斯特码编码输出端。 • DCLK:译码时钟输入端。 • M-IN:曼彻斯特码译码输入端。 • DOUT:译码结果输出端
	数字时钟信号源模块	M 序列发生器(数字信号源)	• CLK-IN:时钟输入端。 • DOUT:M 序列输出端
		产生数字时钟信号	提供 64 Hz、128 Hz、256 Hz、512 Hz、1 kHz、2 kHz、4 kHz、8 kHz、16 kHz、32 kHz、64 kHz、128 kHz、256 kHz、512 kHz、1 024 kHz、2 048 kHz、4 086 kHz 及 8 192 kHz 时钟信号
10	RC-ZHTX-10 加法器模块	实现信号相加	• A1:信号一输入端。 • A2:信号二输入端。 • SUM-OUT:输入信号相加后输出端
	带通滤波器模块	两个滤波器通道	• BP-IN1:信号一输入端。 • BP-IN2:信号二输入端。 • BP-OUT1:信号一的滤波输出端。 • BP-OUT2:信号二的滤波输出端
11	RC-ZHTX-11 CVSD 编译码模块	实现增量调制解调	• S-IN:模拟低频信号输入端。 • CCLK:编码时钟输入端。 • CVSD-OUT:增量调制编码输出端。 • DCLK:译码时钟输入端。 • CVSD-IN:增量调制译码输入端。 • S-OUT:增量调制译码输出端
	PAM 编译码模块	实现 PAM 调制解调	• S-IN:模拟低频信号输入端。 • CLK-IN:编码时钟输入端。 • CVSD-OUT:增量调制编码输出端。 • PAM-IN:PAM 信号输入端。 • S-OUT:PAM 解调输出端

续上表

序号	模块编号及名称	功　　能	测试点及输入/输出点
12	RC-ZHTX-12 PCM 编译码模块	实现 PCM 编译码	• SA-IN:编码器 A 的信号输入端。 • SB-IN:编码器 B 的信号输入端。 • PCM-OUT:PCM 基群复用信号输出端。 • BS-TX、BS-RX:PCM 基群时钟信号(位同步信号)测试点(发、收)。 • FS-TA、FS-RA:信号 A 的抽样信号及时隙同步信号测试点(发、收)。 • FS-TB、FS-RA:信号 B 的抽样信号及时隙同步信号测试点(发、收)。 • PCM-IN:PCM 基群复用信号输入端。 • RA-OUT:信号 A 译码信号输出端。 • RB-OUT:信号 B 译码信号输出端
13	RC-ZHTX-13 语音输入/输出模块	语音发生器(内存一段音乐,模拟信号源)	• SPK1:语音信号一输出端。 • SPK2:语音信号二输出端。 • S-IN1:语音信号一输入端。 • S-IN2:语音信号二输入端
14	RC-ZHTX-14 低频信号源输出模块一/二	产生两路幅度和频率均可调的低频模拟信号(模拟信号源)	• 信号输出:模拟信号输出端
15	RC-ZHTX-15 AM 调制模块一/二	产生两路 AM 信号	• S-IN:调制信号输入端。 • CAR-IN:载波信号输入端。 • AM-OUT:AM 信号输出端
16	RC-ZHTX-16 眼图观测及白噪声输出模块	生成眼图及白噪声	• SD-IN:数字信号输入端。 • EYE-OUT:眼图输出端及测试点。 • NOICE-DIN、NOICE-OUT:噪声信号输入、输出端
	载波信号源模块	产生两路幅度和频率均可调的高频载波信号	• CAR1:载波信号一输出端。 • CAR2:载波信号二输出端
17	RC-ZHTX-17 AM 解调模块一/二	产生两路 AM 解调信号	• CAR-IN:载波信号输入端。 • AM-IN:AM 信号输入端。 • S-OUT:AM 解调信号输出端

实验一　数字信号源实验

一、实验目的

1. 了解单极性码、双极性码、归零码、不归零码等基带信号的波形特点。
2. 掌握集中插入帧同步码时分复用信号的帧结构特点。
3. 掌握数字信号源电路组成原理。

二、实验仪器

1. 20 MHz 示波器一台。
2. RC-TX-VI 通信原理教学实验箱一台。

三、实验内容

用示波器观察单极性不归零码(NRZ)、帧同步信号(FS)及位同步时钟(BS)。

四、实验预习要求

1. 复习实验原理。
2. 根据实验内容确定本次实验所需实验模块。
3. 综合实验原理及实验内容画出模块的连接示意图,清楚标示出所有输入、输出端口的连接关系,确定实验过程中所需测试点。

五、实验原理

1. 数字信号源原理

本实验模块是实验系统中的数字信号源,即通信系统的发送端,其原理如图 1-1-1 所示。

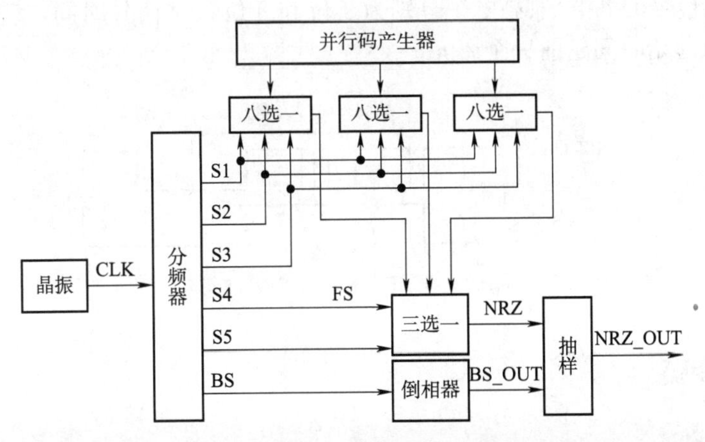

图 1-1-1　数字信号源原理框图

本单元产生 NRZ 信号，码元速率约为 170.5 kbit/s，帧结构如图 1-1-2 所示。该帧的帧长为 24 位，其中首位为无定义位，第 2 位到第 8 位是帧同步码（7 位巴克码 1110010），另外 16 位为 2 路数据信号，每路 8 位。此 NRZ 信号为集中插入帧同步码时分复用信号。发光二极管亮状态表示"1"码元；熄灭状态表示"0"码元。

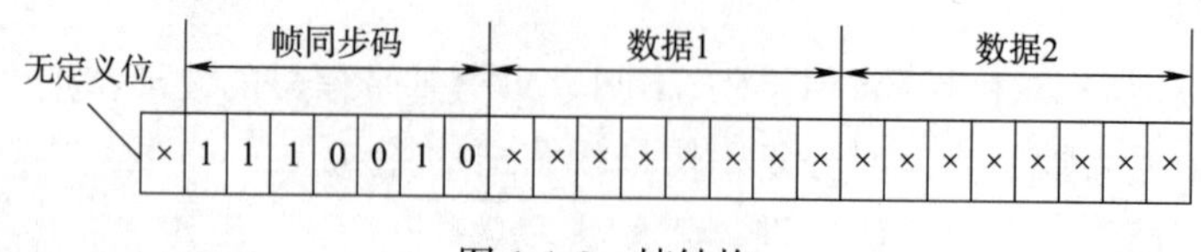

图 1-1-2　帧结构

2. 时分复用（TDM）原理

时分复用（TDM）是数字信号传输系统中常见的信道复用方式，其原理是将时间划分成若干个小时间间隔（称为时隙），并将这些时隙分配给每一路信号源使用，每一路信号在被分配的时隙内独占信道进行数据传输，目的是充分利用信道，提高信道利用率。4 路信号 TDM 如图 1-1-3 所示。为使接收端更好地实现信号接收，通常在每一帧中除复用各路信号外，还会插入表示帧起始位置的"帧同步码"，比如，在我国的 E1 系统中，就采用了 7 bit 码字"0011011"作为帧同步码，以便于收、发两端保持同步。

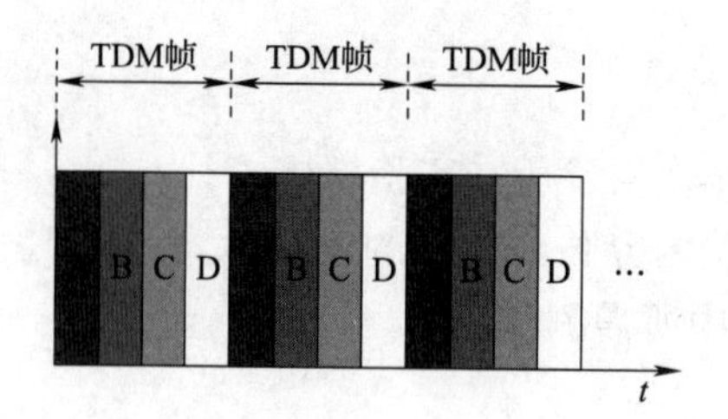

图 1-1-3　4 路信号 TDM 示意图

本实验中的帧同步（FS）信号与信号源输出信号（NRZ_OUT）之间的相位关系如图 1-1-4 所示，图中 NRZ_OUT 的无定义位为 0，帧同步码为 1110010，数据 1 为 11110000，数据 2 为 00001111。FS 信号的低电平、高电平分别为 4 位和 8 位数字信号时间，其上升沿比 NRZ_OUT 码第一位起始时间超前一个码元。

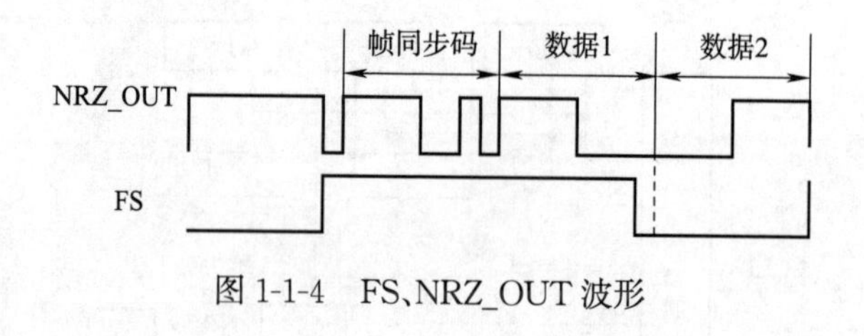

图 1-1-4　FS、NRZ_OUT 波形

六、实验步骤

1. 连接准备

打开设备电源开关和模块电源开关，连好各连接线。

2. 数字信号源输出波形观察

用示波器观察数字信号源模块上的各种信号波形，根据波形特点判断信号名称并记录填入下表：

序　号	波　　形	名　　称	波形特点

3. 帧同步码观察

(1)用同轴电缆将 FS_OUT 输出与示波器外同步信号输入端连接，将其作为示波器的外同步信号。

(2)示波器的两个探头分别接 NRZ_OUT 和 BS_OUT，对照发光二极管的状态，判断数字信号源单元是否正常工作。

(3)用拨码开关 K1 产生代码×1110010(×为任意代码，1110010 为 7 位帧同步码)，K2、K3 产生任意信息代码，观察并记录本实验给定的集中插入帧同步码时分复用信号帧结构。

七、实验报告要求

1. 写出实验目的和实验仪器。

2. 完成所有实验内容，按实验步骤整理实验数据与波形并清楚标注，回答其中相关问题。

3. 记录并说明光栅上亮暗的位置、拨码开关、信源信号三者之间的关系。

实验二　PCM 编译码及时分复用(TDM)实验

一、实验目的

1. 掌握脉冲编码调制(PCM)编译码原理。
2. 掌握 PCM 基群信号的复接及分接过程。

二、实验仪器

1. 20 MHz 示波器一台。
2. RC-TX-VI 通信原理教学实验箱一台。

三、实验内容

1. 用示波器观察两路音频信号的编码结果,观察 PCM 基群信号。
2. 改变音频信号的幅度,观察和测试译码器输出信号的信噪比变化情况。
3. 改变音频信号的频率,观察和测试译码器输出信号幅度变化情况。

四、实验预习要求

1. 复习实验原理。
2. 根据实验内容确定本次实验所需实验模块。
3. 综合实验原理及实验内容画出模块的连接示意图,清楚标示出所有输入、输出端口的连接关系,确定实验过程中所需测试点。
4. 根据实验内容要求,设计合理的实验数据(波形)记录表格。
5. 查阅并画出 TP3057 芯片引脚图,写出相关引脚功能。

五、实验原理

1. 原理框图

PCM 编译码及 TDM 实验原理如图 1-2-1 所示。

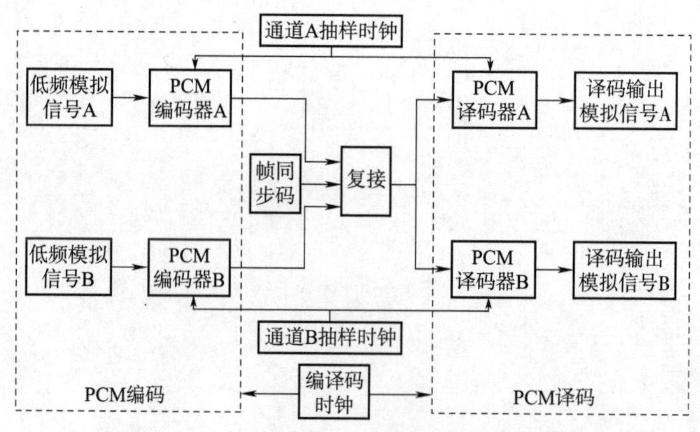

图 1-2-1　PCM 编译码及 TDM 实验原理框图

2. A87.6/13 折线 PCM 原理

PCM 本质是模拟信号数字化的过程，在实际电路中一步完成，但从理论上说，包含采样、量化及编码三步。

(1)采样

根据奈奎斯特采样定理：最高频率为 F_m 的模拟信号，若以不低于 $2F_m$ 的采样频率 f_s 对其进行采样，可以证明，采样之后的信号包含原始信号的全部信息，即对模拟信号不失真采样条件为：$f_s \geqslant 2F_m$。采样是将模拟信号从时间上进行离散的过程，但采样后的信号仍是模拟信号。

(2)量化

量化是将模拟信号从幅度上进行离散化的过程，量化后的信号才是数字信号。量化分为均匀量化与非均匀量化，非均匀量化克服了均匀量化中小信号时信噪比恶化的情况。非均匀量化一般分为两步：先用对数形式的压缩曲线对信号进行压缩，再进行均匀量化。当然，由于压缩对信号造成了失真，故在译码后会用相反特性的扩张曲线对信号进行还原。根据压缩曲线的表达式不同，国际上现行两种压缩律——A 律与 μ 律，中国和欧洲各国采用 A 律；美国和日本等国采用 μ 律。此外，对数形式的曲线尽管能完成信号压缩，电路却不太容易实现，故在实际应用中，常用折线段代替光滑曲线以利于电路实现。本实验基于我国实际情况，实现 A 律 PCM，$A=87.6$，采用 13 条折线段对压缩曲线进行近似，故常称为 A87.6/13 折线 PCM。

(3)编码

量化后的信号通过编码将电平值变为二进制码元输出。对应 A87.6/13 折线的编码见表 1-2-1。

表 1-2-1　A 律 13 折线编码表

极性位 C_1	段落	段落码 $C_2C_3C_4$	起始电平 (Δv)	段内电平码			
				C_5	C_6	C_7	C_8
“+”→1 “−”→0	1	0 0 0	0	8	4	2	1
	2	0 0 1	16	8	4	2	1
	3	0 1 0	32	16	8	4	2
	4	0 1 1	64	32	16	8	4
	5	1 0 0	128	64	32	16	8
	6	1 0 1	256	128	64	32	16
	7	1 1 0	512	256	128	64	32
	8	1 1 1	1 024	512	256	128	64

3. PCM 译码原理

PCM 译码分为三步：首先根据第一位极性码判断信号正负，然后将余下的 7 位非线性码转换成 11 位线性码，最后将码组中“1”码元所对应的权值相加，即为译码输出。7 位非线性码与 11 位线性码的对应关系见表 1-2-2。

表 1-2-2　非线性码与线性码对应关系

11 位线性码											7 位非线性码						
B_{11}	B_{10}	B_9	B_8	B_7	B_6	B_5	B_4	B_3	B_2	B_1	C_2	C_3	C_4	C_5	C_6	C_7	C_8
0	0	0	0	0	0	0	a	b	c	d	0	0	0	a	b	c	d
0	0	0	0	0	0	1	a	b	c	d	0	0	1	a	b	c	d
0	0	0	0	0	1	a	b	c	d	0	0	1	0	a	b	c	d
0	0	0	0	1	a	b	c	d	0	0	0	1	1	a	b	c	d
0	0	0	1	a	b	c	d	0	0	0	1	0	0	a	b	c	d
0	0	1	a	b	c	d	0	0	0	0	1	0	1	a	b	c	d
0	1	a	b	c	d	0	0	0	0	0	1	1	0	a	b	c	d
1	a	b	c	d	0	0	0	0	0	0	1	1	1	a	b	c	d

注：“abcd”为原编码，可能为“0”或“1”。

4. 电路原理

本实验模块设计了两路正弦波信号 A、B，先分别 PCM 编码，然后复用传输，再分别译码输出原正弦信号的过程，以模拟真实的 PCM 多路传输系统，电路原理如图 1-2-2 所示。电路中的编码脉冲和抽样脉冲全部来自对晶振输出频率 4 096 kHz 的分频，其中，编码脉冲频率为 2 048 kHz。拨码开关 SPCM1 控制抽样信号产生器输出 SL1 或 SL2，以控制 A、B 两路信号复用时的帧结构，具体说来，当 SPCM1 为“10”时，A、B 两路信号分别复用在一帧的时隙 1 和时隙 3，当 SPCM1 为“01”时，A、B 两路信号分别复用在一帧的时隙 1 和时隙 2。

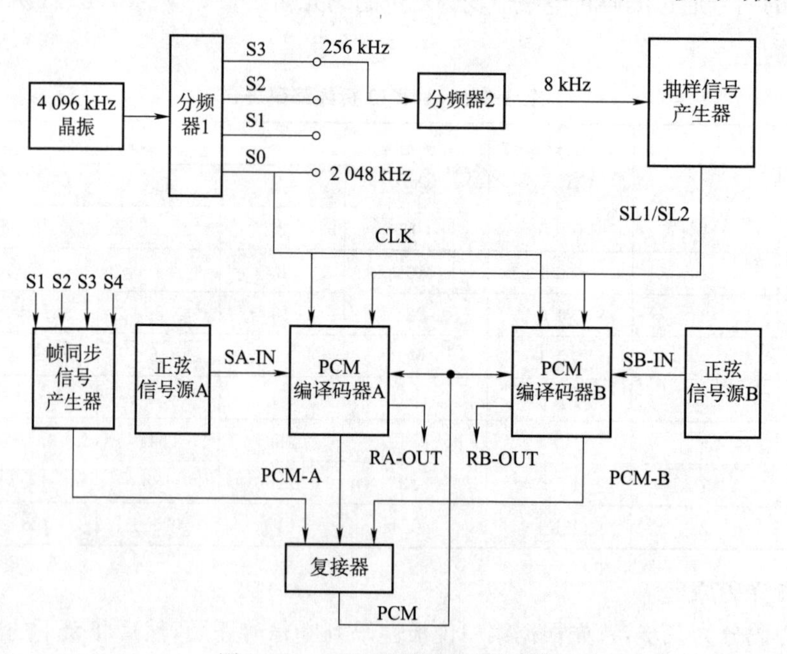

图 1-2-2　PCM 编译码原理方框图

两路 PCM 编译码均采用 A 律 PCM 编译码集成电路 TP3057，它是 CMOS 工艺制造的专用大规模集成电路，允许编码输入电压最大幅度为 $5V_{P-P}$，由发送和接收两部分组成，既可完成编码，也可完成译码，片内带有输出/输入话路滤波器，其引脚如图 1-2-3 所示，具体引脚功能需自行查阅相关资料学习。

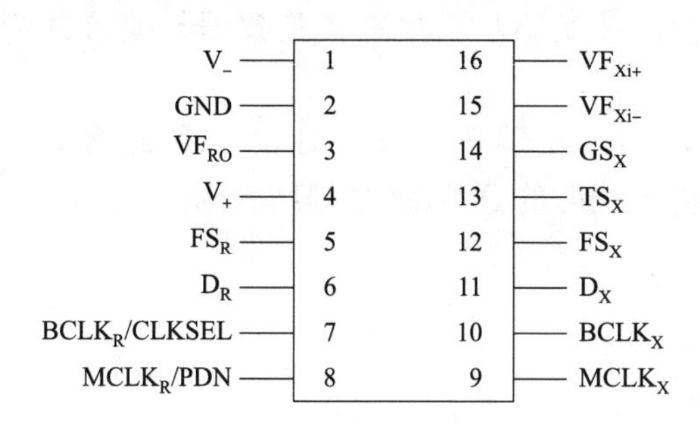

图 1-2-3　TP3057 引脚图

两路 PCM 编码信号和帧同步信号经复接器复用成占 3 个时隙的 PCM 基群信号，由于一帧 PCM 基群结构最多可容纳 32 个时隙，故存在 29 个空时隙。又由于两路 PCM 编译码用同一个时钟信号，因而可对它们进行同步复接，并且在译码前不需要对其进行分接处理，而是利用了时隙同步信号对复用信号进行分路。

六、实验步骤

1. 信号准备

调试准备好两路频率 4 kHz 左右、电压峰峰值不大于 5 V 的正弦波信号，作为后继实验输入 PCM 编码器的输入信号，再准备好一路 2 048 kHz 的数字时钟信号，作为 PCM 编译码时钟。

2. 单路 PCM 编译码

(1)输入一路正弦波信号至编码通路 A 的编码输入端，同时连接编码时钟，在编码输出端观察并记录 PCM 编码输出波形。

(2)将前面所得 PCM 编码输出信号连接至 PCM 译码输入端，为了保持收、发两端同步，除译码时钟需与编码时钟相同外，另外还需短接发送端与接收端的抽样时钟，然后在译码输出端观察并记录译码输出波形，并与模拟输入信号比较，判断有无失真。

3. 两路 PCM 复接基群传输

(1)拨码开关 SPCM1 设置为“10”，按步骤 2 的原理接第二路信号至通道 B(注意：增加的连接线除了输入另一路模拟信号外，还有多路相关的数字时钟信号)，同时观察并记录 PCM 编码输出波形与 A 通道抽样信号、PCM 编码输出波形与 B 通道抽样信号，并比较其不同。

(2)同时观察 A 通道和 B 通道的抽样脉冲信号，理解并解释上一步输出波形的原因。

(3)同时观察并记录 A 通道的输入正弦波信号和译码输出信号，比较有无失真；同时观察并记录 B 通道的输入正弦波信号和译码输出信号，比较有无失真。

(4)拨码开关 SPCM1 设置为“01”，重复本步骤前面(1)～(3)。

七、实验报告要求

1. 写出实验目的和实验仪器。

2. 完成所有实验内容，按实验步骤整理实验数据与波形并清楚标注，回答其中相关问题。

3. 根据实验步骤 3，试说明拨码开关 SPCM1 的作用，结合实验结果解释你的理由。

4. 画出 SPCM1 设置不同时的 PCM 基群帧结构图。

实验三　CVSD 调制解调通信系统实验

一、实验目的

1. 掌握增量调制解调原理。
2. 理解不同编码速度对编码的影响。
3. 掌握增量调制系统过载特性的测试方法。

二、实验仪器

1. 20 MHz 示波器一台。
2. RC-TX-VI 通信原理教学实验箱一台。

三、实验内容

1. 测量在不同速率下的 CVSD 编码输出波形。
2. 测量在不同速率下的 CVSD 译码输出波形。
3. 测量系统的过载特性并绘制出系统的过载特性曲线。

四、实验预习要求

1. 复习实验原理。
2. 根据实验内容确定本次实验所需实验模块。
3. 综合实验原理及实验内容画出模块的连接示意图，清楚标示出所有输入、输出端口的连接关系，确定实验过程中所需测试点。
4. 查阅并画出 MC3418 芯片引脚图，写出相关引脚功能。

五、实验原理

1. 原理框图

本实验的原理如图 1-3-1 所示。

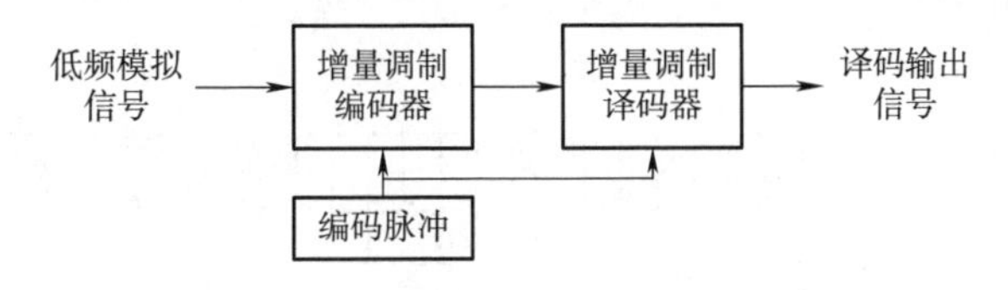

图 1-3-1　增量调制解调实验原理框图

2. 增量调制编码原理

增量调制（DM，ΔM）是一种常见的模拟信号数字化技术，其实现比 PCM 更简单，其量化电平只有两个，一次编码只输出 1 bit，但需要比 PCM 更高的采样频率。增量调制时，将每次采样到的实际信号与一预测信号做比较，若实际信号大于预测信号，则编码器一方面输出编码“1”，另一方面将预测值上升一个量化阶距 Δ 作为下一次编码的比较信号，而若实际信号小于预测信号，则编码器一方面输出编码“0”，另一方面将预测值下降一个量化阶距 Δ 作为下一次编码的比较信号。增量调制实际上是用一个阶梯波来逼近输入模拟信号的，其原理如图 1-3-2 所示。

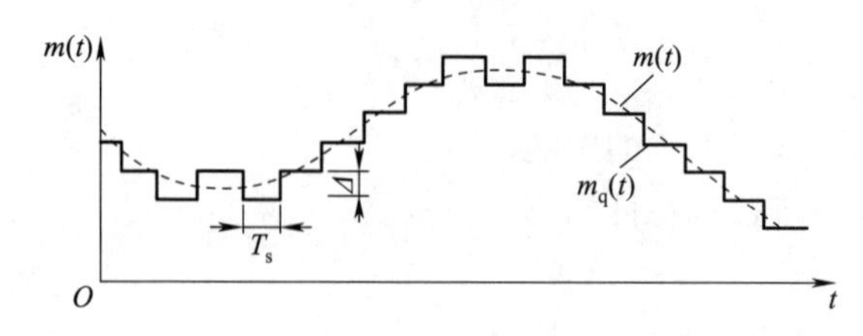

图 1-3-2　增量调制波形图

(1)增量调制译码原理

增量调制译码电路也比较简单：每收到一个“1”码元，译码电路中的积分器就升高一个 Δ，而每收到一个“0”码元，则降低一个 Δ，最后用低通滤波器消除高频分量，平滑积分输出。

(2)量化噪声

在增量调制系统中有两类量化噪声：一是不可避免的基本量化噪声，它是由于阶梯波与实际信号间一直存在的误差造成的；另一类是可以避免的过载量化噪声，它是由于信号变化太快，编码器不能及时跟踪上实际信号的波动引起的。下面主要讨论第二类噪声。

信号变化快，即信号斜率大，故第二类噪声也称为“斜率过载量化噪声”，为了避免产生斜率过载失真，就必须要保证输入信号斜率的最大绝对值小于或等于阶梯波信号斜率，即不产生斜率过载的条件为

$$\left|\frac{\mathrm{d}m(t)}{\mathrm{d}t}\right|_{\max} \leqslant \Delta f_s$$

可以看出，为了避免斜率过载量化噪声，应使 Δ 和 f_s的乘积足够大，由于增加 Δ 会引起基本噪声的增加，通常采用提高 f_s的方法来避免斜率过载，故实际 DM 的抽样频率要比 PCM 抽样频率高得多。

实际上，对输入信号还有一个约束条件，即起始编码电平，若信号变化太小，局限在 $\pm\Delta/2$ 以内，此时编码输出为交替的“1”和“0”码元，其中不包含任何有意义的信号，如图 1-3-3 所示，故又称为“空载失真”。

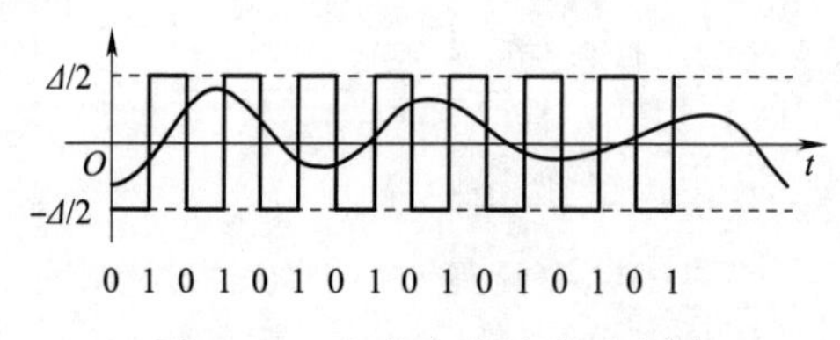

图 1-3-3　空载失真波形示意图

3. 电路原理

本实验模块完成对音频信号进行增量调制及解调的过程，电路原理如图 1-3-4 所示。音频信号送入编码芯片 MC3418，芯片内部电路将此信号与积分器输出信号做比较，判决输

出“1”或“0”码元，另一方面，该信号在输入至积分器输入端，得到本地解码信号送回比较器输入端，以作为下一次的预测信号，至此完成编码器功能。为了有效防止斜率过载，在芯片内部实际存在自适应电路，当检测到信号连续出现3个“1”或“0”时，会调节量化阶距，以更好地跟踪输入信号的变化。在译码端，根据端口输入的码元控制积分器充电或放电，再经过低通滤波器将此信号平滑，得到最后的解调输出信号。

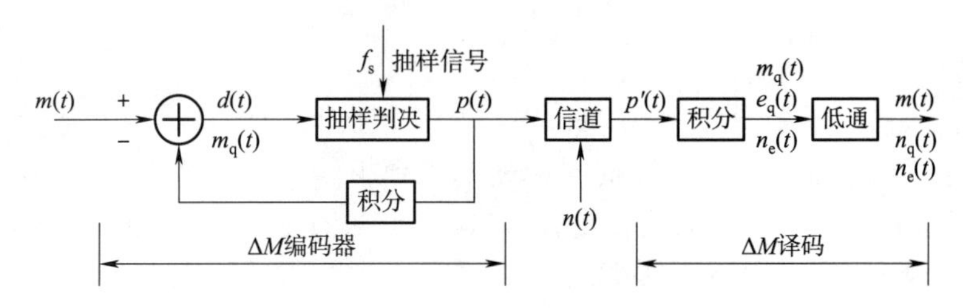

图 1-3-4　增量调制解调原理方框图

本实验电路中的编译码器采用了专用集成电路MC3418，由发送和接收两部分组成，既可完成编码，也可完成译码，其引脚如图1-3-5所示，具体引脚功能需自行查阅相关资料学习。

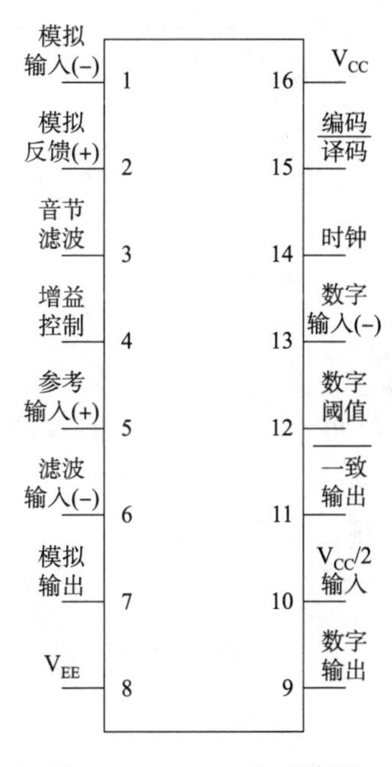

图 1-3-5　MC3418引脚图

六、实验步骤

1. 信号准备

调试准备好频率2 kHz左右、电压峰峰值不高于1 V的正弦波信号，作为后继实验输入DM编码器的模拟输入信号，再准备好32 kHz的数字时钟信号，作为DM编译码时钟信号。

2. DM 编译码

(1)将正弦波信号输入至编码器,同时连接编码时钟,在编码输出端观察并记录 DM 编码输出波形。

(2)将前面所得 DM 编码信号输入 DM 译码输入端,为了保持编、译码同步,同时将编码时钟连接至译码时钟端,在译码输出端观察并记录译码输出波形,与输入模拟信号比较,判断有无失真。

3. DM 过载特性

(1)调节输入模拟信号频率为 700 Hz 左右、编码时钟为 16 kHz,从小到大改变模拟信号幅度,记录下译码器输出刚刚失真时对应的输入模拟信号电压峰峰值,即临界过载电压 A_{MAX},保持模拟信号频率不变,依次改变编码时钟为 64 kHz、128 kHz 及 256 kHz,重复以上步骤,分别记录下 A_{MAX},填入下表中。

时钟速率	临界过载电平 A_{MAX}			
	700 Hz	1 000 Hz	1 500 Hz	2 000 Hz
16 kHz				
32 kHz				
64 kHz				
128 kHz				

(2)依次改变输入模拟信号频率为 1 000 Hz、1 500 Hz、2 000 Hz,再做上一步并记录数据。

七、实验报告要求

1. 写出实验目的和实验仪器。

2. 完成所有实验内容,按实验步骤整理实验数据与波形并清楚标注,回答其中相关问题。

3. 通过过载数据画出规律曲线,并总结。

实验四　HDB_3通信系统实验

一、实验目的

1. 掌握 HDB_3的编码规则。
2. 掌握从 HDB_3码中提取位同步信号的方法。
3. 掌握时分复用 HDB_3通信系统的基本原理及数字信号的传输过程。

二、实验仪器

1. 20 MHz 示波器一台。
2. RC-TX-VI 通信原理教学实验箱一台。

三、实验内容

1. 观察单极性非归零码(NRZ)、三阶高密度双极性码(HDB_3)、整流后的 HDB_3 码。
2. 观察从 HDB_3 码中提取位同步信号的电路中有关波形。
3. 观察 HDB_3 译码输出波形。
4. 用数字信源、数字终端、HDB_3 编译码模块、位同步及帧同步等五个模块，构成一个理想信道时分复用 HDB_3 通信系统，并使之正常工作。

四、实验预习要求

1. 复习实验原理。
2. 根据实验内容确定本次实验所需实验模块。
3. 综合实验原理及实验内容画出模块的连接示意图，清楚标示出所有输入、输出端口的连接关系，确定实验过程中所需测试点。

五、实验原理

1. 原理框图

本实验的原理如图 1-4-1 所示。

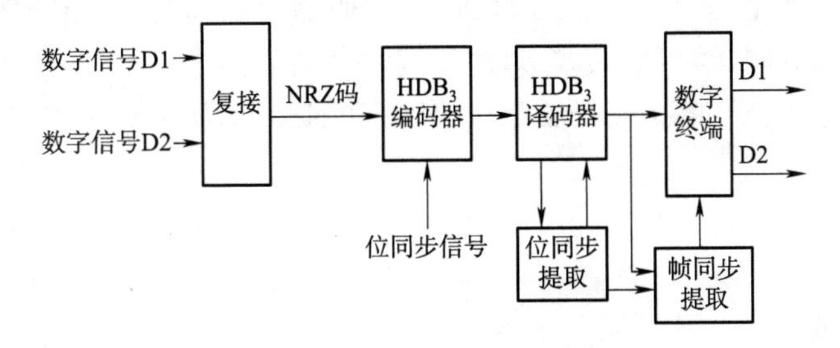

图 1-4-1　HDB_3通信系统实验原理框图

2. HDB_3码编码规则

由于基带传输系统接收端需要从传送的码流中提取同步信号，如果基带信号中连续0码元出现太多而导致波形长时间没有变化，接收端就无法从中提取同步信号，从而造成发送与接收端失步，HDB_3编码就是为了解决这个问题出现的。

HDB_3码规则是：当信息序列中出现连续4个“0”码元时，就用取代节“000V”或“B00V”来取代这4个连续“0”码元，其中的“B”和“V”都代表脉冲。若将原信息序列中的“1”码元也令为“B”，则取代后的序列中必须满足B脉冲和V脉冲要分别极性交替，且V脉冲要和前一个B脉冲极性一致，这样就能唯一确定一个取代节，编码也就唯一了。另外，HDB_3码为占空比为50%的双极性归零码。通过取代后，HDB_3码流中最多只有3个连续“0”码元，有效防止了由于长零序列引起的同步信号丢失而失步的情况。

设信息码为“00000110000100000”，则NRZ码和HDB_3码如图1-4-2所示。

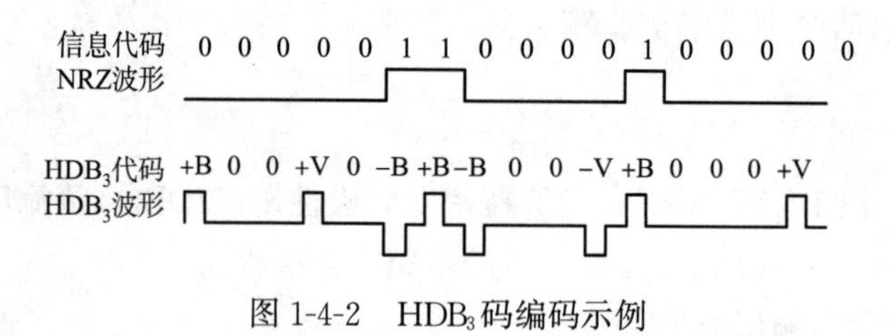

图1-4-2　HDB_3码编码示例

HDB_3码的功率谱中不含有离散谱f_s成分，也不含有位同步信号，而译码时必须提供位同步信号，故在通信的终端需将它们译码为NRZ码，再送给数字终端机或数模转换电路。工程上，一般将HDB_3码数字信号进行整流处理，得到占空比为50%的单极性归零码，其中含有离散谱f_s，故采样后可用一个窄带滤波器得到频率为f_s的正弦波，整形处理后即可得到位同步信号。

六、实验步骤

1. 信号准备

将数字信号源模块的拨码开关KS1、KS2和KS3均设置为“1000000”，作为编码输入的数字基带信号，是NRZ码，从NRZ_OUT输出，作为本次实验要传送的数据。

2. HDB_3码编码

（1）将准备好的数字基带信号送到HDB_3码编码器，编码时钟来自信源的位同步信号，同时观察并记录编码前与编码后的波形，注意其时序关系。

（2）将数字信号源模块的拨码开关KS1、KS2和KS3设为全“0”和全“1”，再观察和记录编码输出波形。

（3）将数字信号源模块的拨码开关KS1、KS2和KS3自行设置，再观察和记录编码输出波形。

3. HDB_3码译码

（1）将HDB_3码编码输出与HDB_3码译码输入用同轴电缆线连接起来，译码时钟来自“位同步提取”输出，注意此时“位同步提取”输入信号为译码器的输出HDB_PN端，同时观察并记录输入基带信号与 HDB_3码译码输出信号,判断信号是否相同,注意观察有无时延。

(2)将数字信号源模块的拨码开关 KS1、KS2 和 KS3 设为全"0"和全"1",再观察和记录编码输出波形。

4. 基带传输

(1)搭建基带传输系统:将 KS1、KS2 和 KS3 所设置的码流作为基群复用信号,即 KS1 设为"* 1110010"作为帧同步码,KS2 和 KS3 自行设置,作为两路基带信号,送入 HDB_3码编码器;将 HDB_3码译码输出连接到数字终端基带信号输入端 NRZ_IN,位同步信号来自位同步模块,帧同步信号来自帧同步模块,注意:帧同步模块需要输入基带信号与位同步信号,请同学思考:这两个信号分别来自哪里?

(2)观察数码管的显示,与输入信号比较有无差异。

(3)试改变帧同步信号的提取方式,自行设计一种连接方式,观察并记录输出情况。

七、实验报告要求

1. 写出实验目的和实验仪器。

2. 完成所有实验内容,按实验步骤整理实验数据与波形并清楚标注,回答其中相关问题。

3. 总结位同步和帧同步信号的作用。

实验五　数字基带通信系统实验

一、实验目的

1. 掌握时分复用数字基带通信系统的基本原理及信号传输过程。

2. 了解位同步信号抖动、帧同步信号错位对数字信号传输的影响。

3. 理解位同步信号、帧同步信号在数字分接中的作用。

二、实验仪器

1. 20 MHz 示波器一台。

2. RC-TX-VI 通信原理教学实验箱一台。

三、实验内容

1. 用数字信源模块、数字终端模块、位同步模块及帧同步模块连成一个理想信道时分复用数字基带通信系统，使系统正常工作。

2. 观察位同步信号抖动对数字信号传输的影响。

3. 观察帧同步信号错位对数字信号传输的影响。

4. 观察分接后的数据信号、用于数据分接的帧同步信号、位同步信号。

四、实验预习要求

1. 复习实验原理。

2. 根据实验内容确定本次实验所需实验模块。

3. 综合实验原理及实验内容画出模块的连接示意图，清楚标示出所有输入、输出端口的连接关系，确定实验过程中所需测试点。

五、实验原理

本实验的原理如图 1-5-1 所示。

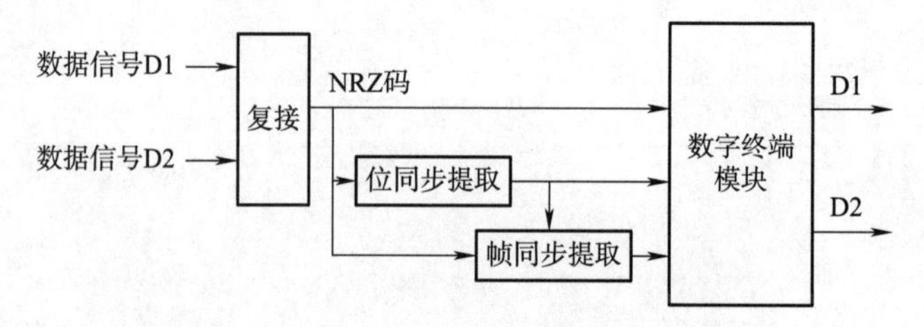

图 1-5-1　数字基带通信系统实验原理框图

数字基带通信系统是指数字基带信号不经过任何调制处理而直接从发送端传送至接收端的通信方式，故电路实现相对简单，除了滤波器外，主要还包含一些波形变换和同步信号插入、提取的处理。

数字信号源输出的两路复用信号 NRZ 码分 3 路输出：第一路送到数字终端模块，模拟数字基带系统的接收；第二路送到位同步提取模块输入端，提取出位同步信号；第三路送到帧同步提取模块输入端，加上位同步信号，提取帧同步信号。数字终端模块作为基带信号的接收机，在位同步和帧同步信号的共同作用下，将两路数据信号从时分复用信号中分离出来，输出两路串行数据信号和两个 8 位的并行数据信号。两个并行信号驱动 16 个发光二极管，左边 8 个发光二极管显示第一路数据，右边 8 个发光二极管显示第二路数据，二极管亮状态表示“1”，熄灭状态表示“0”；两路串行数据可直接用示波器观察。

六、实验步骤

1. 信号准备

将数字信号源模块的拨码开关 KS1 设置为“* 1110010”，作为帧同步码；再自行设置拨码开关 KS2 和 KS3，作为两路复用的数字基带信号 D1 和 D2，复用后信号为 NRZ 码，从 NRZ_OUT 输出，作为本次实验要传送的数据。

2. 位同步信号提取

将 NRZ 码送到“数字锁相环及位同步恢复模块”，以提取其位同步信号。注意：该模块中有两种同步信号提取方式，VCO 锁相环方式和数字锁相环方式，均能完成位同步信号的提取，可任意选取一种，同时观察并记录 NRZ 码和位同步码的波形，说明两种信号的关系。

3. 帧同步信号提取

将 NRZ 码和上一步提取的位同步信号同时送入“帧同步恢复模块”，以提取帧同步信号，同时观察并记录 NRZ 码和帧同步码的波形，说明两种信号的关系。

4. 将 NRZ 码、位同步信号及帧同步信号同时送到“数字终端模块”：

(1)观察并记录 D1 测试点的波形，与 DT1 数码显示管的显示对比。

(2)观察并记录 D2 测试点的波形，与 DT2 数码显示管的显示对比。

(3)同时观察并记录位同步信号 SD 和帧同步信号 FD 的波形，说明其关系。

(4)同时观察并记录两路帧同步信号 F1 和 F2 的波形，说明其关系。

(5)同时观察并记录第一路帧同步信号 F1 和输出数据 D1 的波形，说明其关系。

(6)同时观察并记录第二路帧同步信号 F2 和输出数据 D2 的波形，说明其关系。

七、实验报告要求

1. 写出实验目的和实验仪器。

2. 完成所有实验内容，按实验步骤整理实验数据与波形并清楚标注，回答其中相关问题。

实验六　M序列发生及眼图观测实验

一、实验目的

1. 掌握M序列等伪随机码的发生原理。

2. 了解伪随机码在通信电路中的作用。

3. 掌握眼图的观测。

二、实验仪器

1. 20 MHz示波器一台。

2. RC-TX-VI通信原理教学实验箱一台。

三、实验内容

1. 测量系统自带的256 bit的伪随机码的波形。

2. 学习码元多项式，根据多项式设计出具体电路。

3. 眼图的示波器观测。

四、实验预习要求

1. 复习实验原理。

2. 根据实验内容确定本次实验所需实验模块。

3. 综合实验原理及实验内容画出模块的连接示意图，清楚标示出所有输入、输出端口的连接关系，确定实验过程中所需测试点。

五、实验原理

伪随机脉冲序列是由 n 比特长、2^n 种不同种组合所构成的序列。例如，由 $n=2$ 时有4种不同的组合，$n=3$ 时有8种组合……直到伪随机码发生器所规定的极限值为止，在产生这个极限值以后，数据序列就开始重复，但它作为测试的数据信号时，具有随机性。在本实验系统中所生成的伪随机序列取 n 的值为8，即序列的长度为256。

标准眼图如图1-6-1所示。

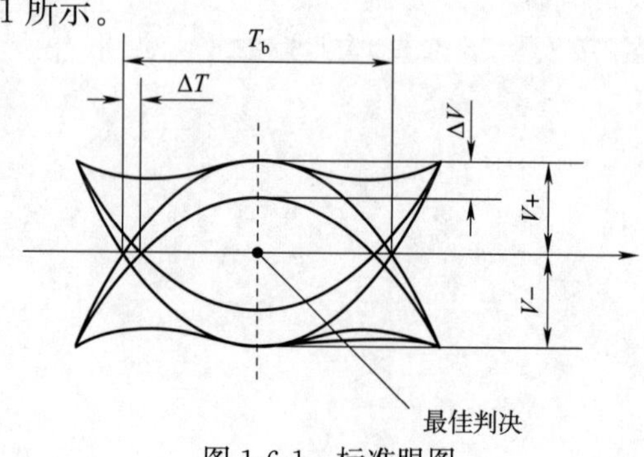

图1-6-1　标准眼图

对于眼图，当眼开度$\frac{V-\Delta V}{V}$为最大时刻，则是对接收到的信号进行判决时刻，无码间干扰、信号无畸变时的眼开度为100%。对于码间干扰，信号畸变使眼开度减小，眼皮厚度$\frac{\Delta V}{V}$增加，无畸变眼图的眼皮厚度应该等于零。系统无畸变眼图交叉点发散角$\frac{\Delta T}{T_b}$应该为零。系统信道的任何非线性都将使眼图出现不对称，无畸变的眼图的正、负极性不对称度$\left|\frac{V_+ - V_-}{V_+ + V_-}\right|$应该等于零。

如果眼图在光纤信道中传输，则系统的定时抖动（也称为边缘抖动或相位失真）是由于光收端机的噪声和光纤中的脉冲失真产生的，如果在“可对信号进行判决的时间间隔T_b”的正中对信号进行判决，那么在阈值电平处的失真量ΔT就表明抖动的大小。因此，系统的定时抖动用下式计算：

$$定时抖动=\frac{\Delta T}{T_b}\times 100\%$$

六、实验步骤

1. 信号准备

(1)数字时钟信号源的1 024 K时钟信号作为M序列生成部分的时钟。

(2)M序列的数据输出作为眼图观测模块的输入信号。

(3)M序列生成部分的噪声作为眼图观测模块的噪声数据。

2. M序列的观察

通过调节示波器，使M序列输出效果达到最佳，并记录下波形。

3. 眼图的观察

用示波器观测眼图模块的眼图输出端口的波形，调节示波器，使一个眼图刚好充满示波器整个屏幕，记录下波形。

4. 噪声对眼图的影响

通过调节噪声电位器，观察噪声对眼图的影响并记录波形。

七、实验报告要求

1. 写出实验目的和实验仪器。

2. 完成所有实验内容，按实验步骤整理实验数据与波形并清楚标注，通过设计合适的表格，对观察到的波形进行比较。

实验七　同步载波提取实验

一、实验目的

1. 复习模拟锁相环的工作原理，以及环路的锁定状态、失锁状态、同步带、捕捉带等基本概念。

2. 掌握用平方环法从 2DPSK 信号中提取相干载波的原理及模拟锁相环的设计方法。

3. 了解相干载波相位模糊现象产生的原因。

二、实验仪器

1. 20 MHz 示波器一台。

2. RC-TX-VI 通信原理教学实验箱一台。

三、实验内容

用平方环法从 2DPSK 信号中提取载波同步信号，观察相位模糊现象。

四、实验预习要求

1. 复习实验原理。

2. 根据实验内容确定本次实验所需实验模块。

3. 综合实验原理及实验内容画出模块的连接示意图，清楚标示出所有输入、输出端口的连接关系，确定实验过程中所需测试点。

五、实验原理

1. 原理框图

从 2DPSK 信号中提取相干载波常用的方法有平方环和同相正交环（科斯塔斯环）两种，本实验采用平方环，其原理如图 1-7-1 所示。

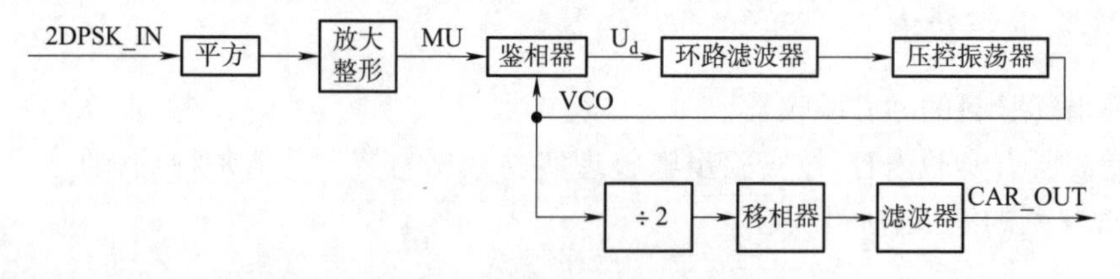

图 1-7-1　载波同步原理框图

2. 相干（同步）解调原理

对模拟已调信号或数字已调信号进行相干解调时，需要从接收信号中提取相干载波。当已调波中含有载频离散成分时，可采用窄带带通滤波器或锁相环来提取相干载波，但若已调信号频谱中不包含载频分量时，一般用下面两种方法进行相干载波提取：

(1)插入导频法

在不包含载频分量的已调波中插入导频，即在该信号中混入一个小载波信号，使混合信号中包含载频分量，这样，接收端就可以使用窄带滤波器进行滤波提取载波信号。这种方法插入的载波信号功率(幅度)应比较小，否则会因载频分量不包含有效信息却过多耗费发射机功率而降低发射效率。

(2)直接提取法

也可以将接收到的不包含载频分量的信号进行变换后再提取载频分量，下面以 2PSK 信号为例说明。

①平方变换法

图 1-7-2 为平方变换法的原理图，其原理是将信号平方后产生载频的二倍频分量，然后再用分频器进行二分频。这种方法的缺点是在二分频时存在相位模糊问题，即分频输出信号的初始相位可能相关 180°。

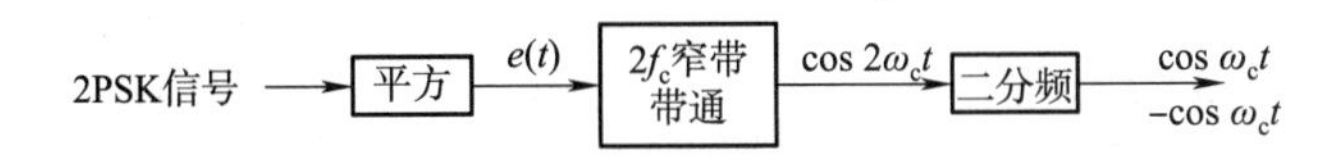

图 1-7-2　平方变换法原理图

②平方环法

图 1-7-3 为平方环法原理图，电路一般采用模拟环，$u_o(t)$超前于 $u_i(t)$中的 $2f_c$成分 90°，二分频、移相后得到 $\cos\omega_c t$ 或 $-\cos\omega_c t$，可见其仍然存在相位模糊问题。

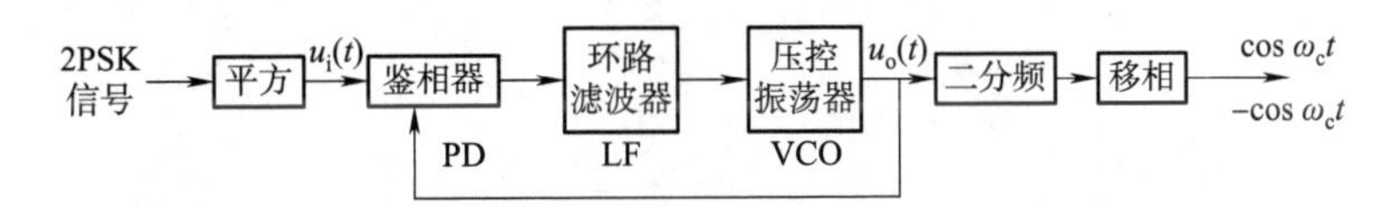

图 1-7-3　平方环法原理图

③同相正交环(Costas 环)

图 1-7-4 为同相正交环工作原理图，当环路锁定后，考虑到噪声等因素，应对 $u_5(t)$进行抽样判决以再生数字基带信号。用 Costas 环提取相干载波时，环路的工作频率等于信号载频，用其他方法时，电路工作频率等于信号载频的二倍，即这种方法的优势是工作频率较低，但与前面两种方法一样，仍然存在相位模糊问题。

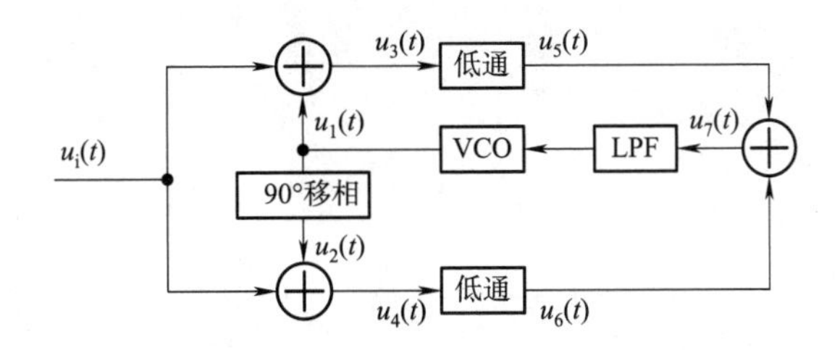

图 1-7-4　同相正交环法原理图

六、实验步骤

1. 信号准备

将数字信号源的位同步信号、NRZ信号及时钟信号分别连接至数字调制模块的相应输入端，再将2DPSK输出信号连接至载波恢复模块的输入端，打开所有电源，观察2DPSK信号是否正常。

2. 观察锁相环的工作波形

自行设计表格记录各点波形。

3. 观察相干载波相位模糊现象

使环路锁定，用示波器同时观察数字调制单元的CAR和载波同步单元的CAR_OUT。反复断开、接通数字信号源模块开关，可以发现这两个信号有时同相、有时反相，并做记录。

七、实验报告要求

1. 写出实验目的和实验仪器。

2. 完成所有实验内容，按实验步骤整理实验数据与波形并清楚标注，回答其中相关问题。

3. 总结相位模糊现象产生的原因和解决办法。

实验八　2ASK(2FSK)调制解调实验

一、实验目的

1. 掌握用键控法产生 2ASK、2FSK 信号的方法。
2. 理解 2ASK 和 2FSK 信号的频谱与数字基带信号频谱之间的关系。
3. 掌握 2ASK 和 2FSK 信号过零检测解调原理。

二、实验仪器

1. 20 MHz 示波器一台。
2. RC-TX-VI 通信原理教学实验箱一台。

三、实验内容

1. 观察 2ASK、2FSK 信号波形。
2. 观察 2ASK 过零检测解调器各点波形。
3. 观察 2FSK 过零检测解调器各点波形。

四、实验预习要求

1. 复习实验原理。
2. 根据实验内容确定本次实验所需实验模块。
3. 综合实验原理及实验内容画出模块的连接示意图,清楚标示出所有输入、输出端口的连接关系,确定实验过程中所需测试点。

五、实验原理

1. 原理框图

本实验的原理如图 1-8-1 所示。

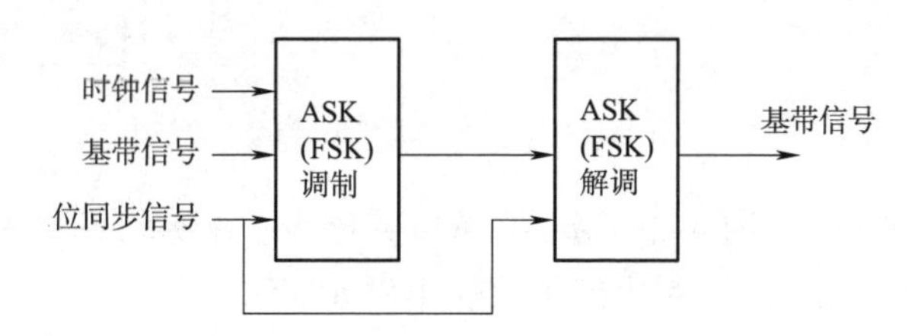

图 1-8-1　ASK(FSK)调制解调实验原理框图

2. ASK 原理

(1)2ASK 信号产生

幅移键控(ASK)是三大数字基本调制技术之一,当基带信号为二进制信号时,得到的幅移键控信号就是 2ASK。2ASK 信号的产生有“开关法”和“相乘法”两种,本实验电路采用的是“开关法”，又称为“键控法”，其原理是用基带信号控制电子开关的打开与闭合，当基带信号码元为“0”时，开关打开，输出端无信号；当基带信号码元为“1”时，开关闭合，输入端的载波能正常通过，输出端有输出信号，即载波信号。所以，当基带信号为交错的“0”“1”码元时，输出端有断续的载波信号输出，如图 1-8-2 所示。

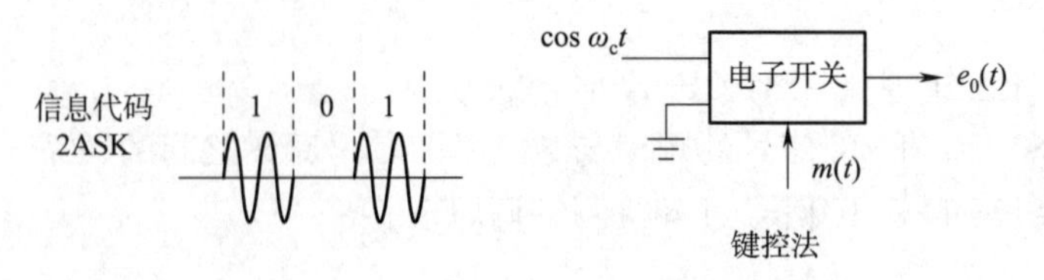

图 1-8-2　2ASK 时域波形及产生原理

(2)2ASK 信号频谱

2ASK 信号时域表达式可表示为：$s_{2ASK}(t)=m(t)\cdot\cos\omega_c t$，对其做傅里叶变换，可求出其频谱函数：$S_{2ASK}(f)=\frac{1}{2}[M(f-f_c)+M(f+f_c)]$，其中 $M(f)$ 为基带信号频谱。可见，2ASK 信号带宽 B_{2ASK} 是基带信号带宽 B_B 的 2 倍，即 $B_{2ASK}=2B_B$，如图 1-8-3 所示。

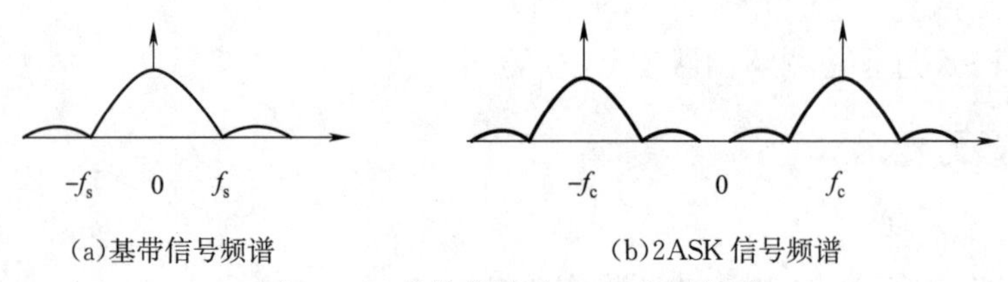

图 1-8-3　基带信号及 ASK 信号频谱

(3)2ASK 信号解调

2ASK 信号解调一般有 3 种方式：包络检波、乘法器相干解调及过零检测，本实验采用的是过零检测方法，其原理如图 1-8-4 所示。

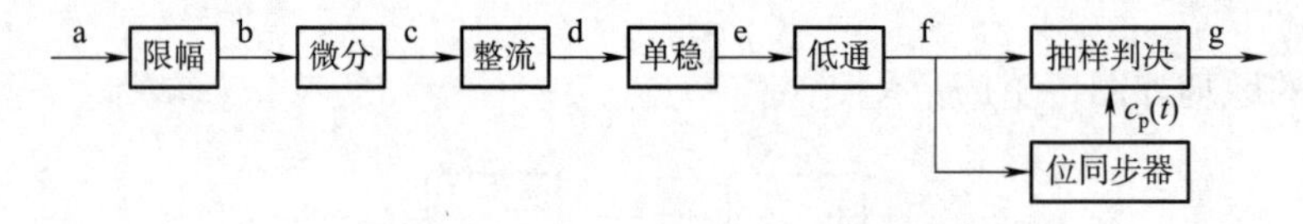

图 1-8-4　2ASK 过零检测法

图 1-8-4 中各点波形如图 1-8-5 所示，抽样判决脉冲 $c_p(t)$ 对 f 点信号进行抽样判决，大于判决门限值输出码元“1”，小于判决门限值输出码元“0”。

3. FSK 原理

(1)2FSK 信号产生

频移键控(FSK)与 ASK、PSK 一起构成三大数字基本调制技术，当基带信号是二进制时，得到的就是 2FSK 信号。2FSK 信号的产生有“调频法”和“开关法”两种，本实验电路采用的是“开关法”，其原理及信号波形如图 1-8-6 所示。在调制电路中存在两个不同频率的振荡源，基带信号中的“1”和“0” 码元分别控制一路输出，在输出端就可得到疏密相间的振荡信号，即 2FSK 信号。

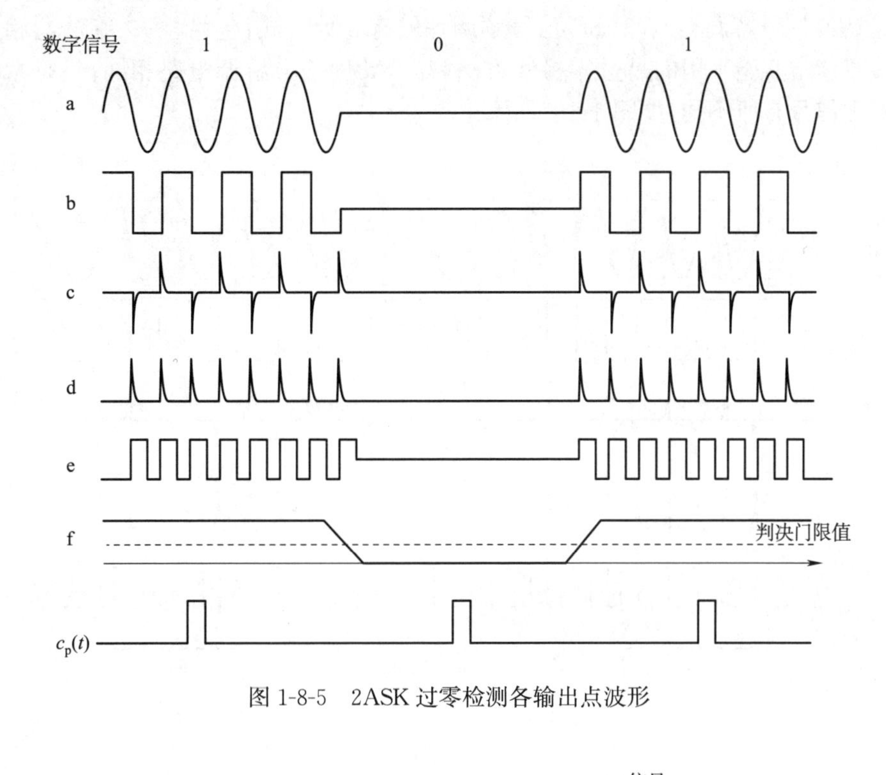

图 1-8-5　2ASK 过零检测各输出点波形

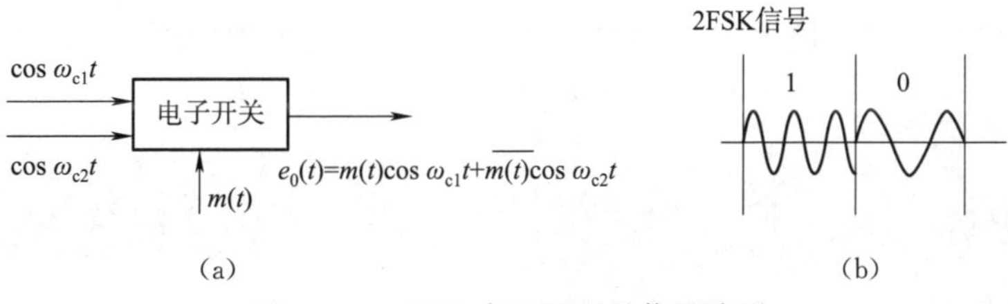

图 1-8-6　2FSK 产生原理及信号波形

(2)2FSK 信号频谱

2FSK 信号可看成是两路 2ASK 信号的叠加，可用求解 2ASK 信号的频谱的方法类似分析 2FSK 信号的频谱。容易分析出，由于载波频率远远高于基带信号频率，故 2FSK 信号的频带宽度主要取决于两个载频的相对大小，即载频差越大，2FSK 信号带宽越宽，反之亦然，如图 1-8-7 所示。2FSK 信号带宽为：$B=|f_{c1}-f_{c2}|+2f_B$。

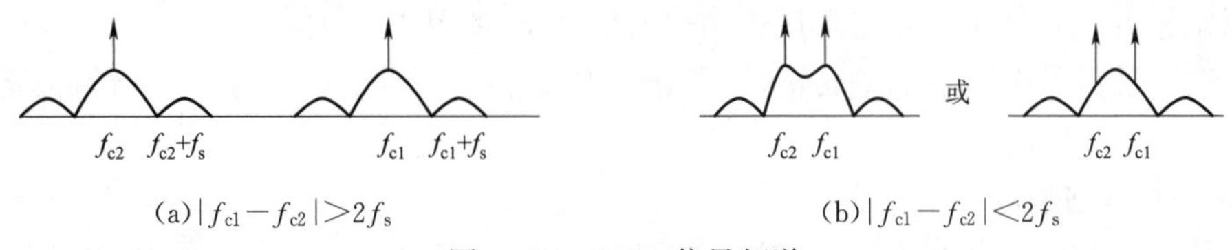

(a)$|f_{c1}-f_{c2}|>2f_s$　　(b)$|f_{c1}-f_{c2}|<2f_s$

图 1-8-7　2FSK 信号频谱

(3)2FSK 信号解调

与 2ASK 信号解调类似,2FSK 信号解调一般有 3 种方式:包络检波、乘法器相干解调及过零检测。本实验采用的是过零检测方法,与 2ASK 信号解调电路相同,只是系统中各输出点实际信号有所不同,如图 1-8-8 所示。

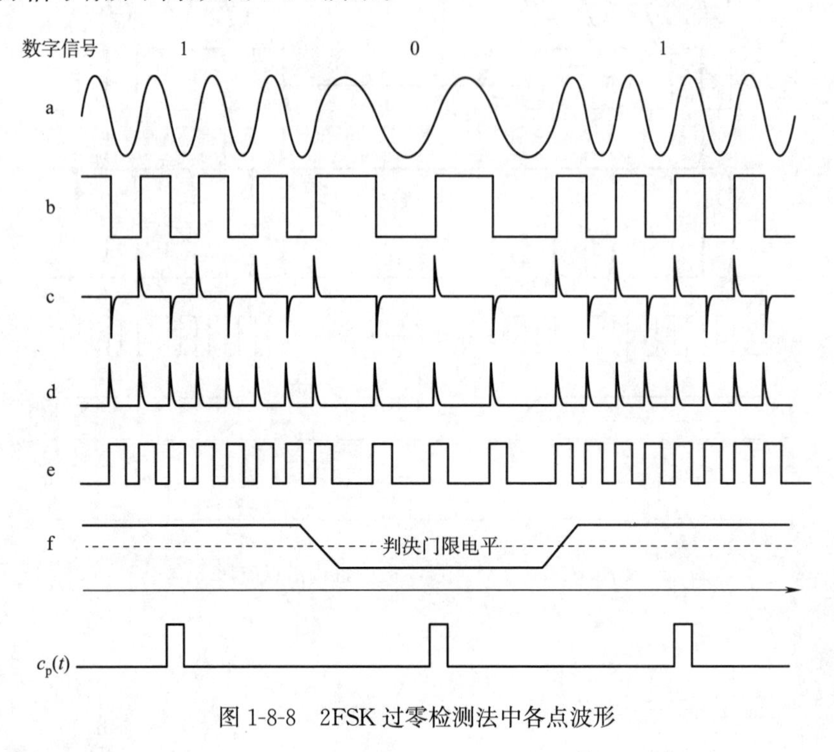

图 1-8-8　2FSK 过零检测法中各点波形

六、实验步骤

1. 信号准备

本次实验除需要数字基带信号外,还需要编码时钟信号和位同步信号,基带信号由拨码开关设置,需自行设定一个数字序列。载波信号由电路内部产生,不需要从外输入。

2. 2ASK 调制解调

(1)将基带信号、时钟信号及位同步信号送入数字调制器模块,同时观察并记录基带信号与 2ASK 信号波形,找出它们的对应关系。

(2)用同轴电缆将 2ASK 信号连接至数字解调模块的解调信号输入端,连接位同步信号,同时观察并记录基带信号与解调输出信号的波形,判断有无失真。

(3)改变拨码开关设置的基带信号,再记录基带信号波形、2ASK 波形及解调波形,再次比较基带信号与解调信号。

3. 2FSK 调制解调

(1)信源端与数字调制模块连接方式不变,同时观察并记录基带信号与 2FSK 信号波形,找出它们的对应关系。

(2)用同轴电缆将 2ASK 信号连接至数字解调模块的解调信号输入端,连接位同步信号,同时观察并记录基带信号与解调输出信号的波形,判断有无失真。

(3)改变拨码开关设置的基带信号,再记录基带信号波形、2FSK 波形及解调波形,再次比较基带信号与解调信号。

七、实验报告要求

1. 写出实验目的和实验仪器。

2. 完成所有实验内容,按实验步骤整理实验数据与波形并清楚标注,回答其中相关问题。

3. 试分析 2ASK 和 2FSK 解调信号与基带信号的关系。

实验九　2PSK(2DPSK)调制解调实验

一、实验目的

1. 掌握绝对码、相对码的概念及它们之间的变换关系。
2. 掌握用键控法产生 2PASK、2DPSK 信号的方法。
3. 掌握绝对码、相对码与 2PSK、2DPSK 信号波形之间的关系。
4. 理解 2PSK 和 2DPSK 信号的频谱与数字基带信号频谱之间的关系。

二、实验仪器

1. 20 MHz 示波器一台。
2. RC-TX-VI 通信原理教学实验箱一台。

三、实验内容

1. 观察绝对码波形、相对码波形。
2. 观察 2PSK、2DPSK 信号波形。
3. 观察 2DPSK 相干解调器各点波形。

四、实验预习要求

1. 复习实验原理。
2. 根据实验内容确定本次实验所需实验模块。
3. 综合实验原理及实验内容画出模块的连接示意图，清楚标示出所有输入、输出端口的连接关系，确定实验过程中所需测试点。

五、实验原理

1. 原理框图

本实验的原理如图 1-9-1 所示。

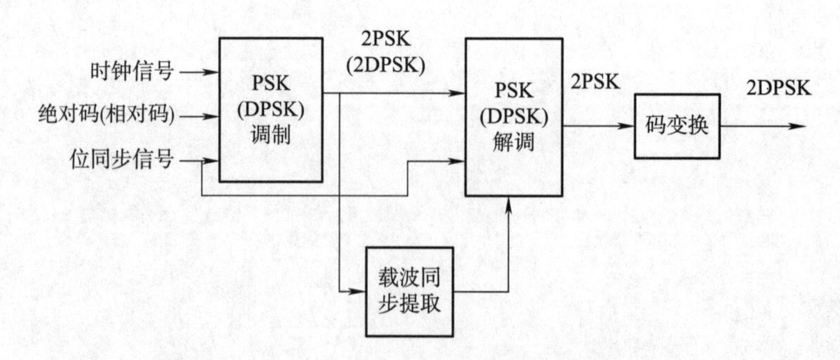

图 1-9-1　2PSK(2DPSK)调制解调实验原理框图

2. PSK 原理

(1)2PSK 信号产生

相移键控(PSK)也是三大数字基本调制技术之一,当基带信号为二进制信号时,得到的相移键控信号就是 2PSK,其信号波形和产生原理如图 1-9-2 所示。

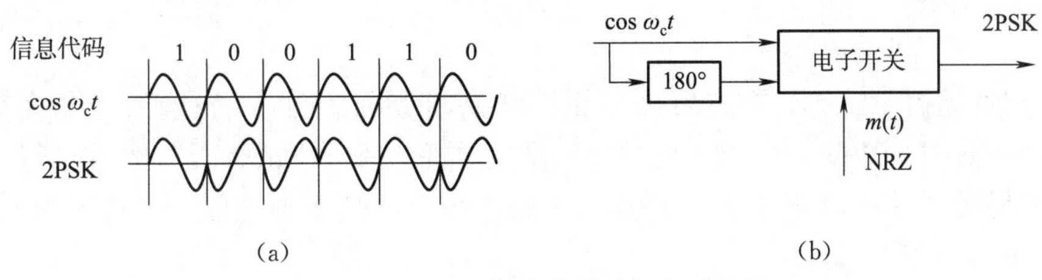

图 1-9-2 2PSK 信号波形及产生原理图

(2)2PSK 信号频谱

2PSK 信号的单边谱如图 1-9-3 所示,其带宽 B_{2PSK} 是基带信号带宽 B_B 的 2 倍,即 $B_{2PSK}=2B_B$。与 2ASK 信号不同的是,2PSK 信号频谱不含载频分量。

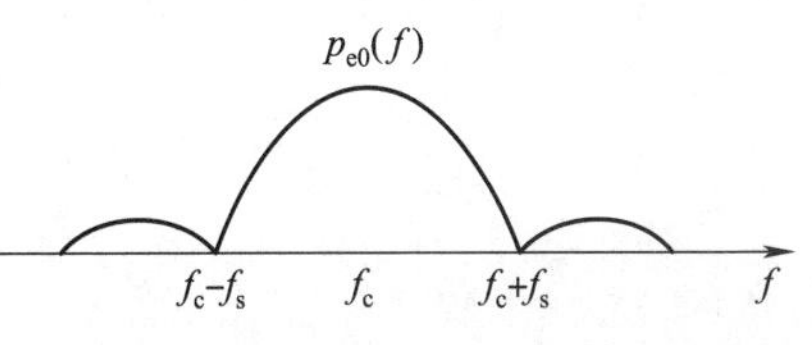

图 1-9-3 2PSK 信号单边谱

(3)2PSK 信号解调

由于 2PSK 中基带信号的信息携带在已调信号的相位中,故 2PSK 信号只能用相干解调法,其原理如图 1-9-4 所示,其中各点波形如图 1-9-5 所示。

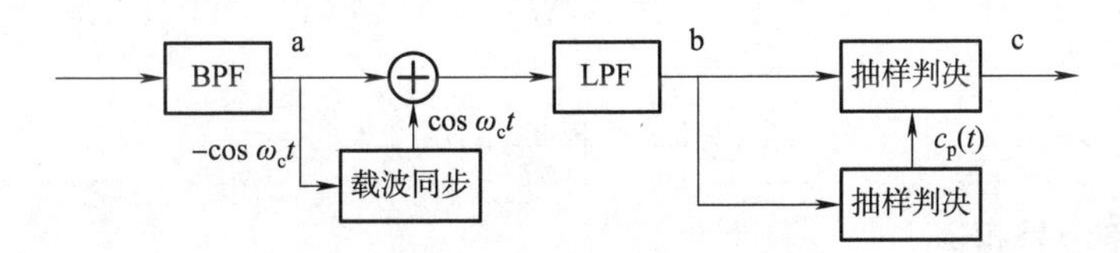

图 1-9-4 2PSK 过零检测法

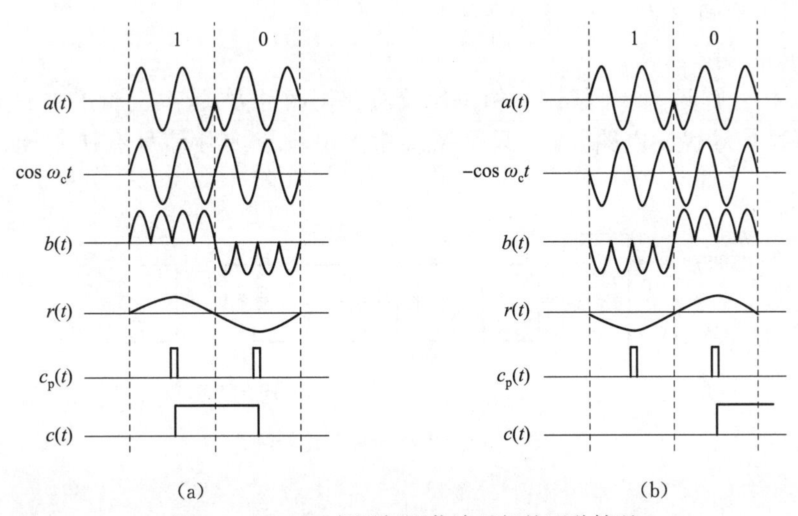

图 1-9-5 2PSK 相干解调载波反相的两种情况

由图 1-9-5 可见，由于在解调端恢复的同步载波可能出现与发送端载波反相的情况，即“相位模糊现象”，当这种情况发生时，解调出的信号全部相反，即“0”错为“1”，“1”错为“0”，使信号失真，这是 2PSK 调制的局限性，因此提出了用相邻码元相位差来表示信息，而非相位本身，这就是差分相移键控调制方式，即 2DPSK 调制，它能完全克服相位模糊问题。

3. DPSK 原理

(1)2DPSK 信号产生

差分相移键控(2DPSK)在本质仍是相移键控，但为了克服相位模糊问题，在数字基带信号调制前，先把原基带信号，即“绝对码”，通过码变换变为“相对码”，然后再将相对码送入 PSK 调制器，得到 DPSK 信号。所以在电路实现上，DPSK 除多了一个码变换器外，调制电路与 PSK 是一样的。

绝对码 a_k 到相对码 b_k 的码变换规则为：$b_k = a_k + b_{k-1}$。图 1-9-6 为 DPSK 中绝对码、相对码及 DPSK 信号波形等示例。

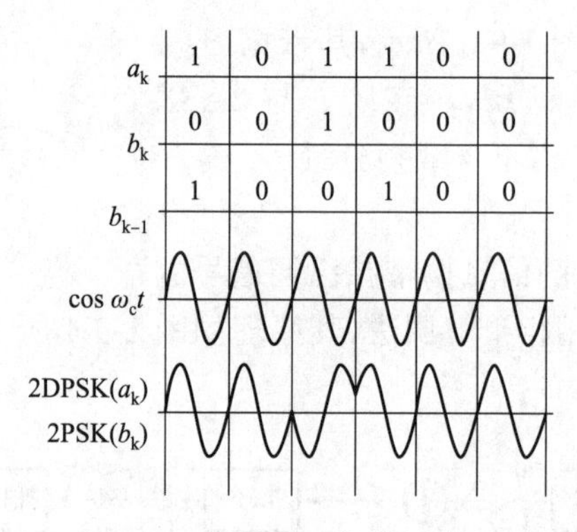

图 1-9-6　2DPSK 各信号波形

(2)2DPSK 信号频谱

由于 2DPSK 信号是将基带码型做变换后再 PSK 调制，故其频谱与 2PSK 信号无本质不同，其信号带宽同样是基带信号带宽的两倍。

(3)2DPSK 信号解调

2DPSK 信号解调有相干解调和相位比较法解调两种方式，本实验采用的是相干解调法。与 2ASK 信号解调电路相同，只是系统中各输出点实际信号有所不同，如图 1-9-7 所示。

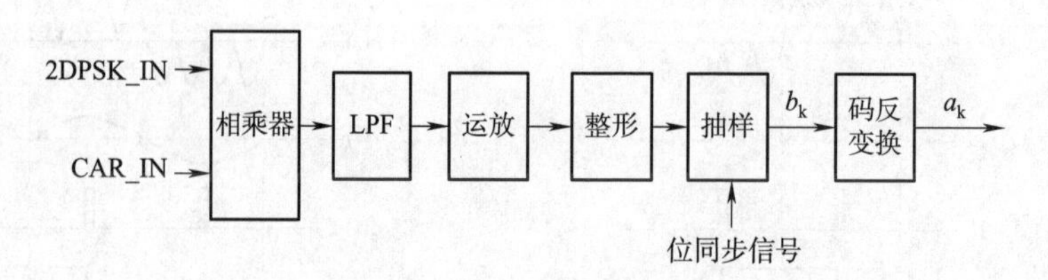

图 1-9-7　2DPSK 相位比较法

六、实验步骤

1. 信号准备

本次实验除需要数字基带信号外，还需要编码时钟信号和位同步信号，基带信号由拨码开关设置，需自行设定一个数字序列。载波信号由电路内部产生，不需要从外输入。

2. 2PSK、2DPSK 调制

(1)将基带信号、时钟信号及位同步信号送入数字调制器模块，开关拨在左边，观察并记录基带信号、a_k 及 b_k 的波形，找出相同的信号。

(2)找到 2PSK 信号输出端，同时观察并记录基带信号与 2PSK 信号的对应关系。

(3)同时观察并记录 a_k 和 b_k 的波形，找出两者的关系。

(4)开关拨到右边，同时观察并记录基带信号与 2DPSK 信号的对应关系。

(5)同时观察并记录 a_k 和 2DPSK 波形，解释它们之间的关系。

(6)同时观察并记录 b_k 和 2DPSK 波形，解释它们之间的关系。

3. 2PSK、2DPSK 解调

(1)信源端与数字调制模块连接方式不变，将已调信号送到载波恢复模块以提取同步载波，连接已调信号、位同步信号及载波同步信号到解调模块。

(2)调制模块开关拨到左边，同时观察 a_k 和解调模块上的 b_k，判断它们之间的关系。

(3)断开实验箱电源再打开实验箱电源，重做上一步，观察结果与上一次有无变化，重复三次，再观察。

(4)调制模块开关拨到右边，同时观察 a_k 和解调模块上的 NRZ_OUT 端，判断它们之间的关系。

(5)多次开、合实验箱电源，观察上一步结果有无变化。

七、实验报告要求

1. 写出实验目的和实验仪器。

2. 完成所有实验内容，按实验步骤整理实验数据与波形并清楚标注，回答其中相关问题。

3. 试分析 a_k、b_k 及调制输出波形之间的关系。

4. 你的实验中是否出现了相位模糊现象？你是如何判断的？

实验十　话音信号多编码通信系统实验

一、实验目的

1. 了解音频信号的传输过程。
2. 了解音频信号不同传输方式。
3. 加深对音频信号不同传输方式性能差别的认识。

二、实验仪器

1. 20 MHz 示波器一台。
2. RC-TX-VI 通信原理教学实验箱一台。

三、实验内容

1. 完成以下通信系统：
(1)AM 调制/解调传输系统。
(2)PAM 调制/解调传输系统。
(3)CVSD 调制/解调传输系统。
(4)PCM 调制/解调传输系统。
(5)FDM 通信系统实验。
2. 用 AM、PAM、CVSD 完成双机全双工话音传输系统。
3. 观察各种编码信号的波形图。

四、实验预习要求

1. 复习实验原理。
2. 根据实验内容确定本次实验所需实验模块。
3. 综合实验原理及实验内容画出模块的连接示意图，清楚标示出所有输入、输出端口的连接关系，确定实验过程中所需测试点。

五、实验原理

本次实验是让音频信号通过 AM、PAM、CVSD 及 PCM 不同的传输系统进行传送，在输出端比较各系统的传输性能。为了验证音频信号质量好坏，本次实验采用语音输入输出模块中已经烧录的一段音乐做信号源。

以一路信号为例，总体连线方案如图 1-10-1 所示，具体系统需自行确定。

六、实验步骤

1. 信号准备

本次实验的信源是“语音输入输出模块”内置的一段音乐，可以将 SPK1 接 S_IN1，SPK2 接 S_IN2，以听到音乐的播放。

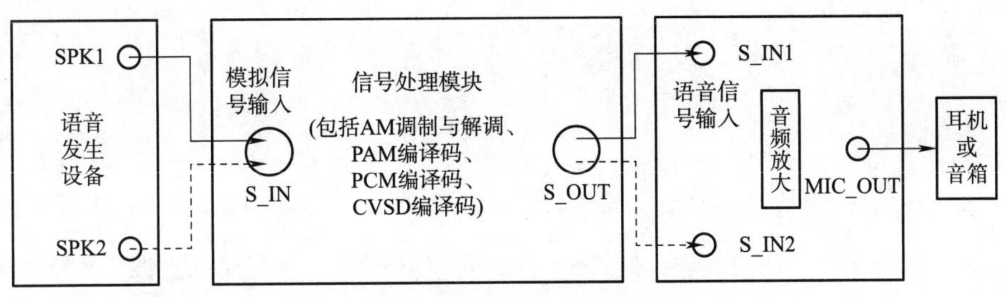

注：SPK1、SPK2任选其一，S_IN1、S_IN2任选其一。

图 1-10-1　音频信号综合传输系统原理框图

2. 不同传输方式比较

可以两两一组，同时连接 AM 和 PAM 传输系统、PCM 和 CVSD 传输系统，在输出端比较输出音质。

七、实验报告要求

1. 写出实验目的和实验仪器。

2. 完成所有实验内容，根据实际听到的音乐音质效果，评价每一种传输方式的传输性能，选出最佳语音质量的传输方式，并说明原因。

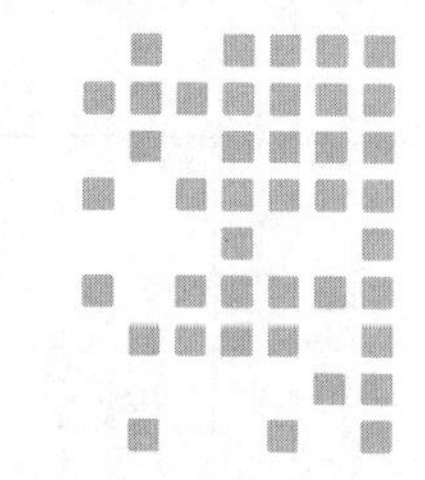

第二篇
软件无线电部分

实验准备

本书第二篇实验均基于“XSRP软件无线电创新平台”(型号:ES2711)实验平台(以下简称“XSRP平台”)。该平台通过软件方式扩展平台功能,提供直观的图形化编程方式,与MATLAB、LABVIEW等开发软件进行无缝连接,实现从建模、算法仿真、代码优化到最终硬件实现的各个环节,故要求学生具备基本的MATLAB及LABVIEW的编程知识。

XSRP平台主要由宽带射频、数字基带、软件系统三个单元构成。宽带射频单元由AD/DA+Transceiver+PA组成,可覆盖70 MHz~6 GHz范围频段,支持最大56 MHz信号带宽,射频收发系统支持2路收发通道,可搭建2×2MIMO系统;数字基带单元由ARM+DSP+FPGA组成,其中ARM主要负责操作系统管理、资源调度,DSP主要进行实时信号处理,FPGA主要进行数字逻辑处理和接口匹配;软件系统单元是XSRP平台的核心,它包括系统管理模块、硬件驱动模块、应用程序接口库、核心算法包、实验例程库等,系统管理模块主要负责软硬件资源的调度,硬件驱动模块主要负责管理各种硬件单元,应用程序接口库主要负责与MATLAB、LABVIEW等第三方平台实现无缝连接。

XSRP平台实验平台的关键技术指标见表2-0-1。

表2-0-1 XSRP实验平台的关键技术指标

发射机	关键技术指标
频率范围	70 MHz~6.0 GHz
可调发射频率步长	<10 Hz
最大输出功率	16 dBm
发射机输出功率增益范围	0~90 dB
可调输出功率频率大小	0.25 dB
瞬时实时带宽	20 MHz
DAC(数模转换)	30.72 MHz

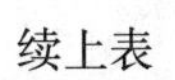

续上表

接 收 机	关键技术指标
可调接收频率步长	<10 Hz
最大输入功率(P_{in})	−10 dBm
噪声系数	7 dB
瞬时实时带宽	20 MHz
ADC(模数转换)	30.72 MHz
参考时钟	关键技术指标
时钟类型	TCXO/OCXO
10 MHz 参考频率精度	TCXO_2.5×10^{-6} OCXO_0.05×10^{-6}
接 口	关键技术指标
R_F 输入/输出	N 系列同轴连接器
以太网连接	1 Gbit 以太网
参考时钟	BNC,26 MHz
通用输入/输出接口	10 脚,TTL,3.3 V
晶振	26 MHz,1×10^{-6}
输入/输出触发	BNC,TTL,3.3 V
输入/输出参考	BNC,TTL,3.3 V
电 源	关键技术指标
适配器	AC/220 V/1 A

实验十一　语音信号 PCM 编译码实验

一、实验目的

1. 掌握抽样信号的量化原理。
2. 掌握脉冲编码调制的原理。
3. 掌握通过 MATLAB 编程实现 PCM 编译码。

二、实验仪器

1. 硬件平台:XSRP 平台一台、计算机一台、数字示波器一台。
2. 软件平台:XSRP 平台集成开发软件、MATLAB2012b。

三、实验内容

1. 观测并记录不同抽样频率软件仿真波形。
2. 读懂参考例程的语音信号 PCM 编码程序,观察并记录软件仿真波形。
3. 根据学生编程的要求,现场编写 MATLAB 程序,观察并记录软件仿真波形。

四、实验预习要求

1. 复习实验原理。
2. 根据本实验附录中的已有代码用 MATLAB 预编写 PCM 译码的 M 文件。

五、实验原理

本次实验原理与实验二相同。

六、实验步骤

1. 实验准备

(1)硬件环境准备

①连接 XSRP 平台电源线、天线、USB 转串口线和网线。

②连接 XSRP 平台的 3 根 BNC 线到示波器的 CH1、CH2 和 EXT。

③在计算机的任意 USB 接口插上加密狗。

④打开 XSRP 平台电源开关,对应电源指示灯亮,并且信号指示灯交替闪烁,表明设备工作正常。

(2)软件环境准备

①双击打开 XSRP 平台集成开发软件,启动后会提示硬件加载的过程,如果都显示"Successful",则表明设备通信正常。

②软件启动后,观察右上角,如果"ARM 状态"和"FPGA 状态"都亮绿色指示灯,则表明硬件和软件都正常;只有一个指示灯亮或者两个都不亮,则表明设备工作不正常,需要排除问题后再做实验。

2. 波形观测并记录

(1)打开 XSRP 平台集成实验软件,在程序界面左侧的实验目录中,找到“语音信号PCM 编解码实验”,双击打开实验界面。

(2)选择 wav 文件路径(..\codes\CF_VoicePCMEncode\m\Windows XP 关机.wav)。

(3)在“原理讲演模式”下,设置抽样率为 8 000 Hz,单击“开始运行”,观察“语音数据”“抽样后数据”“编码数据”及“还原后数据”波形,为了便于观察,将“语音数据”“抽样后数据”及“还原后数据”的时间轴范围设置为[0.3～0.31],“编码数据”样点设置为[0～200],截取波形记录于表 2-11-1 中。另外,根据提示路径找到并播放原始信号及还原后信号,判断信号失真情况。

表 2-11-1　不同抽样频率信号波形记录

抽样频率	原始信号和还原后波形图	编码数据和抽样信号波形图	失真情况
8 000 Hz			
500 Hz			
3 000 Hz			

(4)改变抽样率为 500 Hz 和 3 000 Hz,重复第(3)步。

3. 代码编写

(1)切换到“编程练习模式”,打开“main.m”文件。

(2)读懂代码,并在 MATLAB 的程序编辑环境下,单击“Run”,在弹出的对话框中选择“Add to Path”,观察仿真波形,将该波形记录到表 2-11-2 中。

(3)在“Student Program”区域内,根据要求编写程序,完成后在 MATLAB 的程序编辑环境下运行,输出还原信号波形,并将该波形记录到表 2-11-2 中。

表 2-11-2　编程实现仿真波形记录

不同仿真波形	波　形　图
wav 音频信号波形	
wav 音频信号抽样后波形	
编码后的 bit 数据	
还原后音频信号波形	

七、实验报告要求

1. 写出实验目的和实验仪器。

2. 完成所有实验内容,按实验步骤整理实验数据与波形并清楚标注,回答其中相关问题。

3. 对表 2-11-1 中的实验结果,分析失真的原因。

4. 以附录形式展示编写的源代码。

附录:已有部分代码及编程要求

```
%%------------------------Example-------------------------------%%
%%%%%%%%%%%%%%%%%%%%%%%%%%%%%%%%%%%%%%%%%%%%%%%%%%%%%%%%%%%%%%%%%%
%  LabName:                 语音信号 13 折线编码实验
%  Task:                    读取本地 wav 文件
%                           对语音信号进行 8K 抽样
%                           对抽样信号进行 13 折线编码
%%%%%%%%%%%%%%%%%%%%%%%%%%%%%%%%%%%%%%%%%%%%%%%%%%%%%%%%%%%%%%%%%%
clc
clear
%%%%%%%%%%%%%%%%%%%%%%%%%%%%%%%%%%%%%%%%%%%%%%%%%%%%%%%%%%%%%%%%%%
%%读取本地 wav 文件
filePath= 'E:\Windows XP.wav';
[y,Fs,bits]= wavread(filePath);
y= y';
yCh1= y(1,:);%取一个声道

figure
dt= 1/Fs;
t= 0:dt:(length(yCh1)-1)* dt;
plot(t,yCh1);
title('wav 音频信号波形');

%%%%%%%%%%%%%%%%%%%%%%%%%%%%%%%%%%%%%%%%%%%%%%%%%%%%%%%%%%%%%%%%%%
%%PCM 13 折线编码
sampleVal= 8000;%8k 抽样率
[sampleData,a13_moddata]= PCM_13Encode(yCh1,Fs,sampleVal);

figure
dt1= 1/sampleVal;
t1= 0:dt1:(length(sampleData)-1)* dt1;
plot(t1,sampleData);
title('wav 音频信号抽样后的波形');

figure
plot(a13_moddata);
```

```
title('编码后的bit数据');

%%-----------------------Example End---------------------------%%



%%-----------------------Student Program-----------------------%%
%%%%%%%%%%%%%%%%%%%%%%%%%%%%%%%%%%%%%%%%
% LabName:                语音信号13折线解码实验
% Task:                   读取给定编码数据mat文件
%                         对编码数据进行13折线解码
%                         将解码数据写入语音文件,播放语音文件
%%%%%%%%%%%%%%%%%%%%%%%%%%%%%%%%%%%%%%%%
%%-----------------------Student Program End-------------------%%
```

实验十二　HDB_3 码型变换实验

一、实验目的

1. 掌握 HDB_3 传输码型的编码规则。
2. 掌握 HDB_3 传输码型的解码规则。

二、实验仪器

1. 硬件平台:XSRP 平台一台、计算机一台、数字示波器一台。
2. 软件平台:XSRP 平台集成开发软件、MATLAB2012b。

三、实验内容

1. 观测并记录 HDB_3 码型变换随机数据类型软件仿真波形和示波器实测波形。
2. 观测并记录 BPH 码型变换自定义数据类型软件仿真波形和示波器实测波形。
3. 读懂参考例程的程序,观察并记录软件仿真波形和示波器实测波形。
4. 根据学生编程的要求,现场编写 MATLAB 程序,观察并记录程序运行结果。

四、实验预习要求

1. 复习实验原理。
2. 根据本实验附录中的已有代码用 MATLAB 预编写 HDB_3 解码的 M 文件。

五、实验原理

本次实验原理与实验四相同,再次复习。

六、实验步骤

1. 实验准备

(1)硬件环境准备

①连接 XSRP 平台电源线、天线、USB 转串口线和网线。

②连接 XSRP 平台的 3 根 BNC 线到示波器的 CH1、CH2 和 EXT。

③在计算机的任意 USB 接口插上加密狗。

④打开 XSRP 平台电源开关,对应电源指示灯亮,并且信号指示灯交替闪烁,表明设备工作正常。

(2)软件环境准备

①双击打开 XSRP 平台集成开发软件,启动后会提示硬件加载的过程,如果都显示"Successful",则表明设备通信正常。

②软件启动后,观察右上角,如果"ARM 状态"和"FPGA 状态"都亮绿色指示灯,则表明硬件和软件都正常;只有一个指示灯亮或者两个都不亮,则表明设备工作不正常,需要排除问题后再做实验。

2. 波形观测并记录

(1)打开 XSRP 平台集成实验软件，在程序界面左侧的实验目录中，找到“HDB_3 码型变换实验”，双击打开实验界面。

(2)在“原理讲演模式”下，设置数据类型为随机数据，数据长度为 20，单击“开始运行”，观察“数据源”“HDB_3 编码后数据”及“HDB_3 解码后数据”仿真波形并记录于表 2-12-1 中，在示波器观察实测波形，一并记录。

表 2-12-1　HDB_3 编解码仿真及示波器实测波形记录

数据源类型	数据源波形图	HDB_3 编码后数据仿真波形图	HDB_3 解码后数据仿真波形图	示波器实测波形图
随机数据				
自定义数据				

(3)设置数据类型为自定义数据，自行定义一长度为 20 且包含多个连续 0 的序列，重复第(2)步。

3. 代码编写

(1)切换到“编程练习模式”，打开“main. m”文件。

(2)读懂代码，并在 MATLAB 的程序编辑环境下，单击“Run”，在弹出的对话框中选择“Add to Path”，观察仿真波形，将该波形记录到表 2-12-2 中。

(3)在“Student Program”区域内，根据要求编写程序，完成后在 MATLAB 的程序编辑环境下运行，输出解码波形，并将该波形记录到表 2-12-2 中。

表 2-12-2　编程实现仿真波形记录

不同仿真波形	波　形　图
数据源波形	
HDB_3 编码后数据波形	
HDB_3 解码后数据波形	

七、实验报告要求

1. 写出实验目的和实验仪器。

2. 完成所有实验内容，按实验步骤整理实验数据与波形并清楚标注，回答其中相关问题。

3. 以附录形式展示编写的源代码。

附录:已有部分代码及编程要求

```
%%------------------------Example------------------------------%%
%%%%%%%%%%%%%%%%%%%%%%%%%%%%%%%%%%%%%%%%%%%%%%%%%%%%%%%%%%%%%%%%%
%  LabName:                 HDB3 变换实验
%  Task:                    生成长度为 20 的信源【0,1,1,0,0,0,0,0,1,1,0,0,1,0,0,0,0,1,1,1】并进行 HDB3 变换
%                           并将变换前的数据和变换后的数据分别用 CH1、CH2 输出,用示波器观察信号
%%%%%%%%%%%%%%%%%%%%%%%%%%%%%%%%%%%%%%%%%%%%%%%%%%%%%%%%%%%%%%%%%
clc
clear

fs= 30720000;% 采样率,硬件系统基准采样率 30.72MHz,fs 可配 30.72MHz,3.72Mhz,307.2kHz ,30.72kHz,或其他(要求 fs 需被 30720000 整除).fs 最大可配 30.72MHz,fs 最小可配 30000Hz
Rb= 153600;%码元速率,需为 fs 整除
runType= 1;%运行方式,0 表示软件仿真,1 表示软硬结合(可通过显示硬件 DA 输出,通过示波器分析波形)
len= 20;%数据源长度
sample_num= fs/Rb;%1 个码元采样点数
N= len* sample_num%总样点数
dt= 1/fs;
t= 0:dt:(N-1)* dt;
%% 信源
source_data_in= [0,1,1,0,0,0,0,0,1,1,0,0,1,0,0,0,0,1,1,1];
source_data= source_data_in;
%% HDB3 编码
%步骤 1,如果序列不是全 0,则先变为 AMI 码
up= 0;
for k= 1:len
    if source_data(k)= = 1  %找到第一个“1”时跳出循环,并在循环外将该比特的序号赋给 up
        source_data(k)= -1; %这里将 AMI 变换的第一个“1”置为“-1”
        break;
    else
    end
```

```
end
up= k;
for a= up+ 1:len
    if source_data(a)* source_data(up)~ = 0    %找到下一个非 0 的比特(即下一个"1")时,使其与上一个非 0 比特异号
        source_data(a)= -1/source_data(up);
        up= a;    %并将这个非 0 比特的序号赋值给 a,下一次循环则从 a+1 开始找非 0 比特,如此循环
    else
    end
end
ami= source_data;

%步骤 2,找到第一个 V 码,使第一个 V 码与他前面最近的非 0 比特保持符号一致,此后面的 V 码按照正负极性交替排列
up_v= 0;    %上一个 V 码的序号,初始为 0,也可初始为 4,因为不可能小于 4
num_zero= 0;
for i= 1:len
        if ami(i)= = 0
                num_zero= num_zero+ 1;
                if num_zero= = 4
                    up_v= i;      %将第一个 V 码的序号赋值给 up_v
                    if i= = 4
                        ami(i)= 1;%特殊情况:如果序列前面是 4 个 0,序列全是 0,第一个 V 无参考比特,直接将其设为 1(或-1)
                    else
                        ami(i)= ami(first_v); %给第一个 V 赋值,使其与前面最近的非 0 比特同号(即相同)
                    end
                    num_zero= 0; %4 个 0 为 1 小节,4 个之后重新开始数下一小节
                    break;      %找到第一个 V 码后先跳出循环
                else
                end
            else
                num_zero= 0;
                first_v= i;
            end
        %End to do
```

```
    %%
end

if up_v = =  0
    encode_hdb3 = ami   %若找不到第一个V,说明整个序列里根本没有V,则AMI就是输出
else
    %利用第一个V码为后面的V码赋值
    down_v= 0;  %下一个V码的序号,初始为0
    num_zero = 0; %连续0的个数,初始为0
    for i= up_v+ 1:len
        if ami(i)= = 0
            num_zero= num_zero+ 1;
            if num_zero= = 4
                ami(i)= -ami(up_v); %给第下一个V码赋值,使其与上一个V码相反
                down_v= i;   %将这个V码的序号赋值给down_v
                num_zero= 0; %4个0为1小节,4个之后重新开始数下一小节
                if ami(down_v)= = -ami(down_v-4)      %步骤3,查看V码与其前面最近的非0码符号是否相同,若不同,3个连续0码的第一个0编位B码,且符号与其后面的V码一致
                    ami(down_v-3)= ami(down_v);

                    %加了B码之后再检查从上一个V码到下一个V码的前一个非0码之间,是否按照极性交替排列
                    up_nozero= up_v;  %上一个非0比特的序号
                    for j= up_nozero+ 1:down_v-3
                        if ami(j)~ = 0
                            ami(j)= -ami(up_nozero);
                            up_nozero= j;
                        else
                        end
                    end

                end
                up_v= down_v;
            else
            end
```

```
        else
            num_zero= 0;
        end
    end

    %检查从最后一个 V 码到序列终点之间是否按交替极性排列
    up_nozero= up_v;  %上一个非 0 比特的序号
    for j= up_nozero+ 1:len
        if ami(j)~ = 0
            ami(j)= -ami(up_nozero);
            up_nozero= j;
        else
        end
    end
    encode_hdb3 = ami;
end

%% 过采样
source_data_s= zeros(1,len* sample_num);
HDB3_code_data_s= zeros(1,len* sample_num);
for n= 1:len
     source_data_s(1,(n-1)* sample_num+ 1:n* sample_num)= source_data_
in(1,n);
     HDB3_code_data_s(1,(n-1)* sample_num+ 1:n* sample_num)= encode_
hdb3(1,n);
end

%% 调用 DA 输出函数
if runType= = 1
    CH1_data= source_data_s;
    CH2_data= HDB3_code_data_s;
    divFreq= floor(30720000/fs-1);%分频值,999 分频系统采样率为 30720Hz,99
分频系统采样率为 307200Hz, 9 分频系统采样率为 3072000Hz,0 分频系统采样率
30720000Hz
    dataNum= N;
    isGain= 1;
    DA_OUT(CH1_data,CH2_data,divFreq,dataNum,isGain);%调用此函数之前,确
保 XSRP 开启及线连接正常
```

```
end

%% 打印波形
figure
subplot(211)
plot(t,source_data_s);xlabel('时间(s)');ylabel('幅值(v)');ylim([-1.2,
1.2]);
subplot(212)
plot(t,HDB3_code_data_s);xlabel('时间(s)');ylabel('幅值(v)');ylim([-
1.2,1.2]);

%信号频谱
figure(2)
freq= fft(HDB3_code_data_s)* 2/N;
freqPixel= fs/N;%频率分辨率,即点与点之间频率单位
w= (-N/2:1:N/2-1)* freqPixel; %双边
freq_d= abs(fftshift(freq));
plot(w,20* log(freq_d));
title('HDB3编码数据频谱');
xlabel('频率(Hz)');ylabel('dB');

%%-----------------------Example End----------------------------%%

%%------------------------Student Program-----------------------%%
%%%%%%%%%%%%%%%%%%%%%%%%%%%%%%%%%%%%%%%%
%  LabName:                HDB3 变换实验
%  Task:                   根据例程 HDB3 编码后的数据 encode_hdb3,进行 HDB3
反变换
%%%%%%%%%%%%%%%%%%%%%%%%%%%%%%%%%%%%%%%%
%%-----------------------Student Program End--------------------%%
```

实验十三　AMI/CMI/BPH 码型变换实验

一、实验目的

1. 掌握基带传输系统的工作原理。
2. 掌握 AMI/CMI/BPH 传输码型的编解码规则。
3. 掌握通过 MATLAB 编程产生 AMI/CMI/BPH 码。

二、实验仪器

1. 硬件平台：XSRP 平台一台、计算机一台、数字示波器一台。
2. 软件平台：XSRP 平台集成开发软件、MATLAB2012b。

三、实验内容

1. 观测并记录 AMI 码型变换随机数据类型软件仿真波形和示波器实测波形。
2. 观测并记录 CMI 码型变换 01 交替数据类型软件仿真波形和示波器实测波形。
3. 观测并记录 BPH 码型变换 10 交替数据类型软件仿真波形和示波器实测波形。
4. 读懂参考例程的程序，观察并记录软件仿真波形和示波器实测波形。

四、实验预习要求

1. 复习实验原理。
2. 根据本实验附录中的已有代码，用 MATLAB 预编写 PCM 译码的 M 文件。

五、实验原理

1. AMI 实验原理

AMI 码的全称是传号交替反转码，其编码规则是：将信息码的“1”（传号）交替地变换为“+1”和“−1”，而“0”（空号）保持不变。例如：

消息码：	1	0	0	1	0
AMI 码：	+1	0	0	−1	0
或	−1	0	0	+1	0

AMI 码对应的波形是具有正、负、零 3 种电平的脉冲序列，它可以看成是单极性波形的变形，即“0”仍对应零电平，而“1”交替对应正、负电平。

AMI 码的主要特点是无直流成分且高、低频分量少，接收端收到的码元极性与发送端完全相反也能正确判断，译码时只需把 AMI 码经过全波整流就可以变为单极性码。由于其具有上述优点，因此得到了广泛应用，但该码有一个重要缺点，即当用它来获取定时信息时，由于它可能出现长的连 0 串，因而会造成提取定时信号的困难。解决连“0”码问题的有效办法之一是采用 HDB_3 码。

2. CMI 实验原理

CMI 码的全称是传号反转码，与 BPH 码类似，也是一种双极性二电平码，其编码规则是：信息码中的“1”码交替用“11”和“00”表示，“0”码固定的用“01”表示。例如：

消息码：	1	0	0	1	0
CMI 码：	11	01	01	00	01
或	00	01	01	11	01

这种码型易于实现，含有丰富的定时信息。此外，由于 10 为禁用码组，不会出现 3 个以上的连码，这个规律可用来宏观检错。

3. BPH 实验原理

双极性波形，它用正、负电平的脉冲分别表示二进制数字“1”和“0”。因其正、负电平的幅度相等、极性相反，故当“1”和“0”等概率出现时无直流分量，有利于在信道中传输，并且在接收端恢复信号的判决电平为零值，因而不受信道特性变化的影响，抗干扰能力也较强。

BPH 码的全称是双相码，又称曼彻斯特码。它用一个周期的正、负对称方波表示“0”，而用其反相波形表示“1”。编码规则之一是，“0”码用“01”两位码表示，“1”码用“10”两位码表示。例如：

消息码：	1	0	0	1	0
BPH 码：	10	01	01	10	01

双相码波形是一种双极性 NRZ 波形，只有极性相反的两个电平。它在每个码元间隔的中心点都存在电平跳变，所以含有丰富的位定时信息且没有直流分量，编码过程也简单，缺点是占用带宽加倍，使频带利用率降低。双相码适用于数据终端设备近距离上传输，局域网常采用该码作为传输码型。

六、实验步骤

1. 实验准备

(1)硬件环境准备

①连接 XSRP 平台电源线、天线、USB 转串口线和网线。

②连接 XSRP 平台的 3 根 BNC 线到示波器的 CH1、CH2 和 EXT。

③在计算机的任意 USB 接口插上加密狗。

④打开 XSRP 平台电源开关，对应电源指示灯亮，并且信号指示灯交替闪烁，表明设备工作正常。

(2)软件环境准备

①双击打开 XSRP 平台集成开发软件，启动后会提示硬件加载的过程，如果都显示“Successful”，则表明设备通信正常。

②软件启动后，观察右上角，如果“ARM 状态”和“FPGA 状态”都亮绿色指示灯，则表明硬件和软件都正常；只有一个指示灯亮或者两个都不亮，则表明设备工作不正常，需要排除问题后再做实验。

2. 波形观测并记录

(1)观测并记录数据类型为随机数据的 AMI 码型变换的仿真波形和示波器实测波形。

①打开 XSRP 平台集成实验软件,在程序界面左侧的实验目录中,找到"AMI 码型变换实验",双击打开实验界面。

②配置实验参数:将数据类型配置为随机数据,数据长度配置为 20。

③观察软件仿真波形和示波器实测波形,并记录于表 2-13-1。

表 2-13-1　不同码型仿真波形和示波器实测波形记录

码　型	软件仿真波形图	示波器实测波形图	比　较
AMI			
CMI			
BPH			

(2)观测并记录数据为 01 的 CMI 码型变换的仿真波形和示波器实测波形。

①打开 XSRP 平台集成实验软件,在程序界面左侧的实验目录中,找到"CMI 码型变换实验",双击打开实验界面。

②配置实验参数:将数据类型配置为 01 交替数据,数据长度配置为 20。

③观察软件仿真波形和示波器实测波形,并记录于表 2-13-1。

(3)观测并记录数据类型为 10 的 BPH 码型变换的仿真波形和示波器实测波形。

①打开 XSRP 平台集成实验软件,在程序界面左侧的实验目录中,找到"BPH 码型变换实验",双击打开实验界面。

②配置实验参数:将数据类型配置为 10 交替数据,数据长度配置为 20。

③观察软件仿真波形和示波器实测波形,并记录于表 2-13-1。

3. 代码编写

(1)AMI 码型变换代码编写

①在"AMI 码型变换实验"中切换到"编程练习模式",打开"main. m"文件。

②读懂代码,并在 MATLAB 的程序编辑环境下,单击"Run",在弹出的对话框中选择"Add to Path",观察仿真波形,将该波形记录到表 2-13-2 中。

表 2-13-2　不同码型参考例程仿真波形和示波器实测波形记录

码　型	软件仿真波形图	示波器实测波形图
AMI		
CMI		
BPH		

③在"Student Program"区域内,根据要求编写程序,完成后在 MATLAB 的程序编辑环境下运行,输出还原信号波形,并将该波形记录到表 2-13-3 中。

表 2-13-3　不同码型参考例程仿真波形和示波器实测波形记录

码　型	运 行 结 果
AMI	
CMI	
BPH	

(2)CMI 码型变换代码编写

①在“CMI 码型变换实验”中切换到“编程练习模式”,打开“main. m”文件。

②读懂代码,并在 MATLAB 的程序编辑环境下,单击“Run”,在弹出的对话框中选择“Add to Path”,观察仿真波形,将该波形记录到表 2-13-2 中。

③在“Student Program”区域内,根据要求编写程序,完成后在 MATLAB 的程序编辑环境下运行,输出还原信号波形,并将该波形记录到表 2-13-3 中。

(3)BPH 码型变换代码编写

①在“BPH 码型变换实验”中切换到“编程练习模式”,打开“main. m”文件。

②读懂代码,并在 MATLAB 的程序编辑环境下,单击“Run”,在弹出的对话框中选择“Add to Path”, 观察仿真波形,将该波形记录到表 2-13-2 中。

③在“Student Program”区域内,根据要求编写程序,完成后在 MATLAB 的程序编辑环境下运行,输出还原信号波形,并将该波形记录到表 2-13-3 中。

七、实验报告要求

1. 写出实验目的和实验仪器。

2. 完成所有实验内容,按实验步骤整理实验数据与波形并清楚标注,回答其中相关问题。

3. 以附录形式展示编写的源代码。

附录:已有部分代码及编程要求

```
%%-------------------------Example-----------------------------------%%
%%%%%%%%%%%%%%%%%%%%%%%%%%%%%%%%%%%%%%%%%%%%%%%%%%%%%%%%%%%%%%%%%%%%%%%%%
%   LabName:                    语音信号 13 折线编码实验
%   Task:                       读取本地 wav 文件
%                               对语音信号进行 8K 抽样
%                               对抽样信号进行 13 折线编码
%%%%%%%%%%%%%%%%%%%%%%%%%%%%%%%%%%%%%%%%%%%%%%%%%%%%%%%%%%%%%%%%%%%%%%%%%
clc
clear

%%%%%%%%%%%%%%%%%%%%%%%%%%%%%%%%%%%%%%%%%%%%%%%%%%%%%%%%%%%%%%%%%%%%%%%%%
```

```
%%读取本地 wav 文件
filePath= 'E:\Windows XP.wav';
[y,Fs,bits]= wavread(filePath);
y= y';
yCh1= y(1,:);%取一个声道

figure
dt= 1/Fs;
t= 0:dt:(length(yCh1)-1)* dt;
plot(t,yCh1);
title('wav 音频信号波形');

%%%%%%%%%%%%%%%%%%%%%%%%%%%%%%%%%%%%%%%%%%
%%PCM 13 折线编码
sampleVal= 8000;%8k 抽样率
[sampleData,a13_moddata]= PCM_13Encode(yCh1,Fs,sampleVal);

figure
dt1= 1/sampleVal;
t1= 0:dt1:(length(sampleData)-1)* dt1;
plot(t1,sampleData);
title('wav 音频信号抽样后的波形');

figure
plot(a13_moddata);
title('编码后的 bit 数据');

%%--------------------------Example End------------------------------%%


%%--------------------------Student Program-------------------------%%
%%%%%%%%%%%%%%%%%%%%%%%%%%%%%%%%%%%%%%%%%%
%  LabName:                     语音信号 13 折线解码实验
%  Task:                        读取给定编码数据 mat 文件
%                               对编码数据进行 13 折线解码
%                               将解码数据写入语音文件,播放语音文件
%%%%%%%%%%%%%%%%%%%%%%%%%%%%%%%%%%%%%%%%%%
%%--------------------------Student Program End----------------------%%
```

实验十四　QPSK 调制解调实验

一、实验目的

1. 掌握 QPSK 调制解调的原理及实现方法。
2. 掌握通过 MATLAB 编程实现 QPSK 调制解调的方法。

二、实验仪器

1. 硬件平台:XSRP 平台一台、计算机一台、数字示波器一台。
2. 软件平台:XSRP 平台集成开发软件、MATLAB2012b。

三、实验内容

1. 观测并记录 BPSK 不同配置参数的仿真波形和示波器实测波形。
2. 读懂参考例程的程序,观察并记录软件仿真波形和示波器实测波形。
3. 根据学生编程的要求,现场编写 MATLAB 程序,并将波形输出到示波器上,观察并记录软件仿真波形和示波器实测波形。

四、实验预习要求

1. 复习实验原理。
2. 根据本实验附录中的已有代码用 MATLAB 预编写 B 方式下的 QPSK 调制解调 M 文件。

五、实验原理

1. QPSK 调制原理

QPSK 又称为四相绝对相移调制,利用载波的 4 种不同相位来表征数字信息。由于每一种载波相位代表两个比特信息,故每个四进制码元又被称为双比特码元。组成双比特码元的前一信息比特常用 a 代表,后一信息比特常用 b 代表。双比特码元中两个信息比特 ab 通常是按格雷码排列的,它与载波相位的关系如图 2-14-1 所示,矢量关系见表 2-14-1。

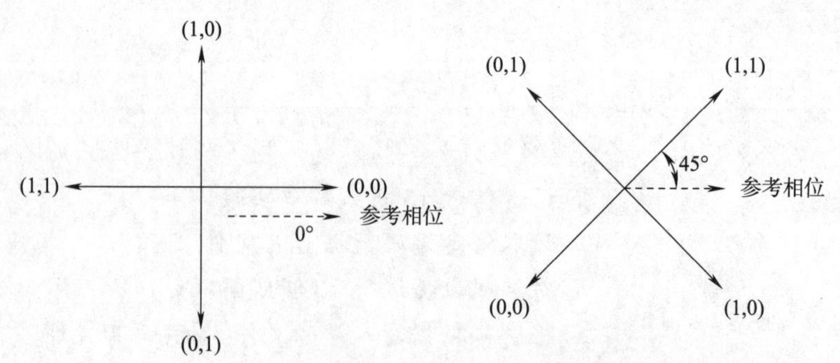

(a)A 方式下 QPSK 信号矢量图　　(b)B 方式下 QPSK 信号矢量图

图 2-14-1　不同方式下 QPSK 信号矢量图

表 2-14-1　双比特码元与载波相位关系

双比特码元		载波相位	
a	b	A 方式	B 方式
0	0	0°	225°
1	0	90°	315°
1	1	180°	45°
0	1	270°	135°

由图 2-14-1 可知，QPSK 信号的相位在(0°，360°)内等间隔地取 4 种可能相位，由于正弦函数和余弦函数的互补特性，对应于载波相位的 4 种取值，比如在 A 方式中为 0°、90°、180°、270°，则其成形波形幅度有 3 种取值，即±1、0；比如在 B 方式中为 45°、135°、225°、315°，则其成形波形幅度有两种取值，即$\pm\sqrt{2}/2$。

QPSK 信号产生方法与 2PSK 信号一样，也可分为调相法和相位选择法，本实验中用调相法产生 QPSK 调制信号，其原理如图 2-14-2 所示。

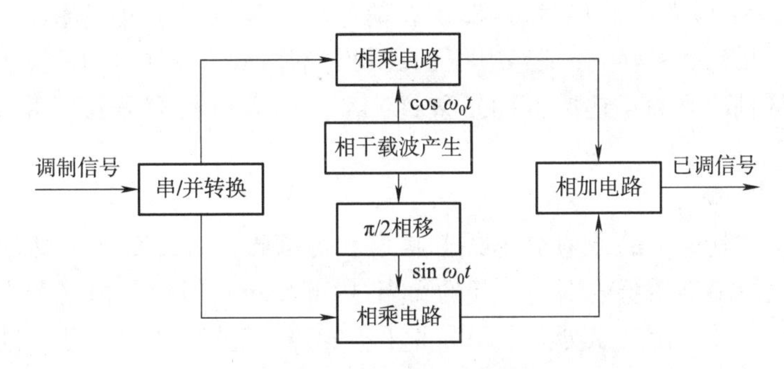

图 2-14-2　QPSK 调制原理图

以 B 方式的 QPSK 调制为例：图 2-14-2 中，输入的二进制序列，即信号源模块提供的 NRZ 码，先经串/并转换分为两路并行数据 DI 和 DQ，I 路成形和 Q 路成形信号分别与同相载波及其正交载波乘法器相乘进行二相调制，得到 I 路调制和 Q 路调制输出信号，再将两路已调信号叠加，得 QPSK 已调信号输出。QPSK 信号相位编码逻辑关系见表 2-14-2。

表 2-14-2　B 方式相位编码逻辑关系表

DI	0	0	1	1
DQ	0	1	0	1
I 路成形	$-\sqrt{2}/2$	$-\sqrt{2}/2$	$+\sqrt{2}/2$	$+\sqrt{2}/2$
Q 路成形	$-\sqrt{2}/2$	$+\sqrt{2}/2$	$-\sqrt{2}/2$	$+\sqrt{2}/2$
I 路调制	180°	180°	0°	0°
Q 路调制	180°	0°	180°	0°
合成相位	225°	135°	315°	45°

2. QPSK 解调

由于 QPSK 可以看作是两个正交 2PSK 信号的叠加，故它可以采用与 2PSK 信号类似的解调方法进行解调，即由两个 2PSK 信号相干解调器构成，其原理如图 2-14-3 所示。

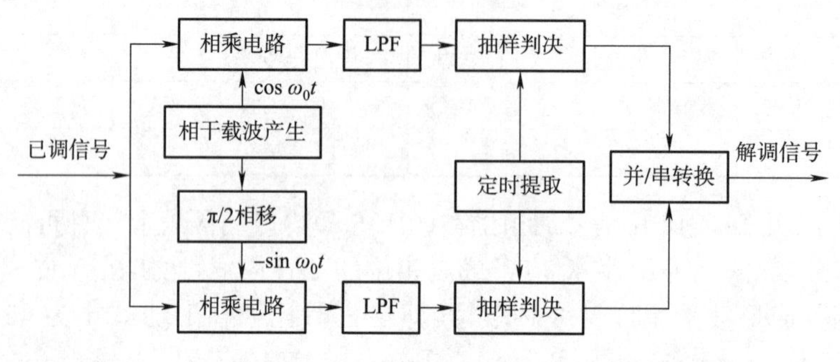

图 2-14-3　QPSK 解调原理图

图 2-14-3 中，QPSK 调制信号与输入的两路正交的相干载波 SIN 和 COS 分别乘法器相乘，得 I 路解调和 Q 路解调信号，两路解调信号分别经双二阶低通滤波器得 I 路滤波和 Q 路滤波信号，两路滤波信号分别经电压比较器与不同的直流电平比较，比较结果分别送入 CPLD 中抽样判决再数据还原，得 DI 和 DQ 信号，DI 和 DQ 信号最后并/串转换，恢复成串行数据输出。

3. 系统中的噪声

噪声的来源按其产生的原应分为外部噪声和内部噪声。外部噪声即指系统外部干扰以电磁波或经电源串进系统内部而引起的噪声，内部噪声一般包括由光和电的基本性质所引起的噪声。从统计理论观点分为平稳和非平稳噪声，其统计特性不随时间变化的噪声称为平稳噪声，而统计特性随时间变化而变化的称为非平稳噪声。

按噪声和信号之间的关系分为加性噪声和乘性噪声。假设信号为 $s(t)$，噪声为 $n(t)$，如果混合叠加波形是 $s(t)+n(t)$ 形式，则称此类噪声为加性噪声；如果叠加波形为 $s(t)[1+n(t)]$ 形式，则称为乘性噪声。

如果一个噪声，它的瞬时值服从高斯分布，而它的功率谱密度又是均匀分布的，则称它为高斯白噪声。

信噪比是度量通信系统质量可靠性的一个主要技术指标，英文缩写为 SNR 或 S/N (SIGNAL_NOISE RATIO)，又称为讯噪比，是指一个电子设备或者电子系统中信号与噪声的比例。这里面的信号指的是来自设备外部需要通过这台设备进行处理的电子信号，噪声是指经过该设备后产生的原信号中部不存在的无规则额外信号(或信息)，并且该种信号并不随原信号的变化而变化。

信噪比的计量单位是 dB，其计算方法是 $10\lg(P_s/P_n)$，其中 P_s 和 P_n 分别代表信号和噪声的有效功率，也可以换算成电压幅值的比率关系：$20\lg(V_s/V_n)$，V_s 和 V_n 分别代表信号和噪声电压的“有效值”。在调制信号中，信噪比一般是指信道输出端，即接收机输入端的载波信号平均功率与信道中的噪声平均功率的比值。

六、实验步骤

1. 实验准备

(1)硬件环境准备

①连接 XSRP 平台电源线、天线、USB 转串口线和网线。

②连接 XSRP 平台的 3 根 BNC 线到示波器的 CH1、CH2 和 EXT。

③在计算机的任意 USB 接口插上加密狗。

④打开 XSRP 平台电源开关,对应电源指示灯亮,并且信号指示灯交替闪烁,表明设备工作正常。

(2)软件环境准备

①双击打开 XSRP 平台集成开发软件,启动后会提示硬件加载的过程,如果都显示"Successful",则表明设备通信正常。

②软件启动后,观察右上角,如果"ARM 状态"和"FPGA 状态"都亮绿色指示灯,则表明硬件和软件都正常,只有一个指示灯亮或两个都不亮,则表明设备工作不正常,需要排除问题后再做实验。

2. 波形观测并记录

(1)打开 XSRP 平台集成实验软件,在程序界面左侧的实验目录中,找到"QPSK 调制解调实验",双击打开实验界面。

(2)在"原理讲演模式"下,设置数据类型为"01 交替",调制方式为"A 方式",数据长度为"20",单击"开始运行",在"实验现象"标签中观察并记录仿真波形:"基带信号""I 路信号""Q 路信号""I 路已调信号""Q 路已调信号""已调信号"及"解调信号",填于表 2-14-3 中。

表 2-14-3 QPSK 调制解调仿真及示波器实测波形记录

波形名称	"01"交替仿真波形图	随机数据实测波形图
基带信号		
I 路信号		
Q 路信号		
I 路已调信号		
Q 路已调信号		
已调信号		
解调信号		

(3)修改数据类型为"随机数据",数据长度为"100",运行程序,在"实验原理"标签中,将波形输出到示波器,观察并记录实测波形:"基带信号""I 路信号""Q 路信号""I 路已调信号""Q 路已调信号""已调信号"及"解调信号",填于表 2-14-3 中。

(4)分别将 I 路信号和 Q 路信号输出到 CH1 和 CH2,用示波器观察星座图并记录于表 2-14-4。

表 2-14-4 QPSK 调制解调星座图及眼图记录

波形名称	示波器实测波形图
星座图(A 方式)	
星座图(B 方式)	
眼图	

(5)分别将 I 路抽样判决信号和 I 路低通滤波后信号输出到 CH1 和 CH2,用示波器观察眼图并记录于表 2-14-4。

(6)修改调制方式为“B 方式”,重复第(4)步。

3. 代码编写

(1)切换到“编程练习模式”,打开“main. m”文件。

(2)读懂例程,并在 MATLAB 的程序编辑环境下,单击“Run”,在弹出的对话框中选择“Add to Path”,观察 A 方式下的仿真波形输出并记录到表 2-14-5 中。

(3)在“Student Program”区域内,仿照例程根据要求编写 B 方式下的调制解调程序,输出各仿真波形,并将该波形记录到表 2-14-5 中。

表 2-14-5 编程实现仿真波形记录

QPSK 调制解调		波 形 图
A 方式	数据源	
	解调信号	
	星座图	
	眼图	
B 方式	数据源	
	解调信号	
	星座图	
	眼图	

七、实验报告要求

1. 写出实验目的和实验仪器。

2. 完成所有实验内容,按实验步骤整理实验数据与波形并清楚标注,回答其中相关问题。

3. 判断传输信号有无失真,并说明理由。

4. 以附录形式展示编写的源代码。

附录:已有部分代码及编程要求

```
%%---------------------------Example-------------------------------------%%
%%%%%%%%%%%%%%%%%%%%%%%%%%%%%%%%%%%%%%%%%%%%%%%%%%%%%%%%%%%%%%%%%%%%%%%%%%%%
%  LabName:                QPSK 调制解调实验
%  Task:                   生成长度为 200 的随机 bit,载波频率为 614400,QPSK
调制(A 方式)
%                          已调信号加 20dB 高斯白噪声
%                          QPSK 解调采用相干解调
%                          将抽样数据分别用 CH1、CH2 输出到示波器(观察星座图)
%                          统计误码数,打印已调波形和眼图
%%%%%%%%%%%%%%%%%%%%%%%%%%%%%%%%%%%%%%%%%%%%%%%%%%%%%%%%%%%%%%%%%%%%%%%%%%%%
clc
clear
fs= 30720000;% 采样率,硬件系统基准采样率 30.72MHz,fs 可配 30.72MHz,
3.72MHz,307.2kHz , 30.72kHz,或其他(要求 fs 需被 30720000 整除)。fs 最大可配
30.72MHz,fs 最小可配 30000Hz
runType= 0;%运行方式,0 表示仿真,1 表示软硬结合

Rb= 307200;            %符号速率,需为 fs 整除
sample_num= fs/Rb;     %一个符号采样点数
len= 200;              %数据源长度
symbol_bit= 2;         %一个符号对应比特数
N= len/symbol_bit* sample_num     %采样点数=sample_num * len
dt= 1/fs;
t= 0:dt:(N-1)* dt;
type= 4;           %数据类型,0 表示全 0 数据,1 表示全 1 数据,2 表示全 01 数据,3 表示
全 10 数据,4 表示随机数据
Fc= Rb* 2;            %载波频率,单位 Hz,载波频率配置需为 Rb 的整数倍,并且 Fc 小于
fs/2

mod_type= 0;       %调制方式,0 表示 A 方式,1 表示 B 方式
snr= 20;           %信噪比

sourceBit= randint(1,len); %% 生成数据源

%% QPSK 调制
```

```
[a_s,IQ_s,y1,y2,qpskI,qpskQ,qpsk] = QPSK_Modulation(sourceBit,Fc,
sample_num,t);
qpsk= awgn(qpsk,snr); %% 加噪

%% QPSK 解调
[rev_qpsk_cos_sin,rev_lp, rev_sample_s ,demodData_s,demod_bit_s,demod_
bit] = QPSK_Demodulation( qpsk,t,Fc,sample_num,Rb,fs);
errorNum= sum(xor(sourceBit,demod_bit)) %% 统计误码数

%% 调用 DA 输出函数
if  runType= = 1
    CH1_data= real(rev_sample_s);
    CH2_data= imag(rev_sample_s);
    divFreq= floor(30720000/fs-1);%分频值,999 分频系统采样率为 30720Hz,99
分频系统采样率为 307200Hz, 9 分频系统采样率为 3072000Hz,0 分频系统采样率
30720000Hz
    dataNum= N;
    isGain= 1;%增益开关,0 表示不对值放大,1 表示对值放大
    DA_OUT(CH1_data,CH2_data,divFreq,dataNum,isGain);%调用此函数之前,确
保 XSRP 开启及线连接正常
end

%% 打印
figure
subplot(311);
plot(a_s);
title('数据源');xlabel('时间(s)');ylabel('幅值(v)');
subplot(312);
plot(qpsk);
title('已调信号');xlabel('时间(s)');ylabel('幅值(v)');
subplot(313);
plot(demod_bit_s);
title('解调信号');xlabel('时间(s)');ylabel('幅值(v)');

figure
plot(rev_sample_s,'* ');title('星座图')
eyediagram(real(rev_lp), 2* sample_num);title('眼图')
%%-----------------------Example End-----------------------------%%
```

```
%%-----------------------------Student Programme-----------------------------%%
%%%%%%%%%%%%%%%%%%%%%%%%%%%%%%%%%%%%%%%%%%%%%%%%%%%%%%%%%%%%%%%%%%%%%%%%%%%%%%%%
%   LabName:                  QPSK调制解调实验
%   Task:                     生成长度为200的随机bit,载波频率614400Hz,QPSK调制(B方式)
%                             已调信号加10dB高斯白噪声
%                             QPSK解调采用相干解调
%                             将抽样数据分别用CH1、CH2输出到示波器(观察星座图)
%                             统计误码数,打印已调波形和眼图
%%%%%%%%%%%%%%%%%%%%%%%%%%%%%%%%%%%%%%%%%%%%%%%%%%%%%%%%%%%%%%%%%%%%%%%%%%%%%%%%
%%-----------------------------Student Programme End-------------------------%%
```

实验十五　16QAM 调制解调实验

一、实验目的

1. 掌握 16QAM 调制的原理和实现方法。
2. 掌握 16QAM 解调的原理和实现方法。
3. 掌握软件无线电平台的虚拟仿真和真实测量的实验方法。

二、实验仪器

1. 硬件平台：XSRP 平台一台、计算机一台、数字示波器一台。
2. 软件平台：XSRP 平台集成开发软件、MATLAB2012b。

三、实验内容

1. 观测并记录 16QAM 不同配置参数的仿真波形和示波器实测波形。
2. 读懂参考例程的程序，观察并记录软件仿真波形和示波器实测波形。
3. 根据学生编程的要求，现场编写 MATLAB 程序，并将波形输出到示波器上，观察并记录软件仿真波形和示波器实测波形。

四、实验预习要求

1. 复习实验原理。
2. 根据附录中的已有代码用 MATLAB 预编写 16QAM 调制解调 M 文件。

五、实验原理

正交振幅调制（Quatrature Amplitude Modulation，QAM）是一种振幅和相位联合键控，它是用两个独立的基带成形信号对两正交正弦载波进行抑制载波的双边带调制，利用已调信号在同一带宽频谱上正交的特性实现两路并行数字信息的传输。

正交调制信号的一般表达式为

$$s_{\mathrm{MQAM}}(t)=\sum_{n}A_{n}g(t-nT_{\mathrm{S}})\cos(\omega_{\mathrm{c}}t+\phi_{n})$$

式中，$A_{n}g(t-nT_{\mathrm{S}})$为 ASK 部分，$\phi_{n}$ 为 PSK 部分。上式展开，即以正交表示形式为

$$s_{\mathrm{MQAM}}(t)=\left[\sum_{n}A_{n}g(t-nT_{\mathrm{S}})\cos\phi_{n}\right]\cos\omega_{\mathrm{c}}t-\left[\sum_{n}A_{n}g(t-nT_{\mathrm{S}})\sin\phi_{n}\right]\sin\omega_{\mathrm{c}}t$$

令：$X_{n}=A_{n}\cos\phi_{n}$，$Y_{n}=A_{n}\sin\phi_{n}$

那么上式变为

$$\begin{aligned}s_{\mathrm{MQAM}}(t)&=\left[\sum_{n}X_{n}g(t-nT_{\mathrm{S}})\right]\cos\omega_{\mathrm{c}}t-\left[\sum_{n}Y_{n}g(t-T_{\mathrm{S}})\right]\sin\omega_{\mathrm{c}}t\\&=X(t)\cos\omega_{\mathrm{c}}t-Y(t)\sin\omega_{\mathrm{c}}t\end{aligned}$$

QAM 中的振幅可以表示为

$$X_n = c_n A, Y_n = d_n A$$

式中，A 为固定振幅，X_n、Y_n 为信号在 X 轴及 Y 轴的分量，c_n、d_n 由输入数据确定，c_n、d_n 决定了已调 QAM 信号在信号空间中的坐标点。

QAM 调制中，信号的振幅和相位作为两个独立的参量同时受到调制，QAM 调制信号可以看作是两个正交的振幅键控信号之和，如图 2-15-1 所示。

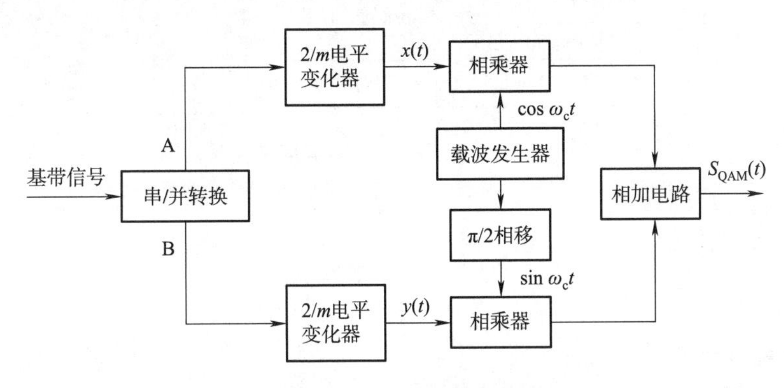

图 2-15-1　16QAM 调制原理图

输入乘法器的 $\sin\omega_c t$ 和 $\cos\omega_c t$ 是两个相互正交的正弦载波。QAM 信号用正交相干解调方法进行解调，通过解调器将 QAM 信号进行正交相干解调后，用低通滤波器 LPF 滤除乘法器产生的高频分量，输出抽样判决后可恢复出的两路独立电平信号，最后将多电平码元与二进制码元间的关系进行转换，将电平信号转换为二进制信号，经并/串变换后恢复出原二进制基带信号。

QAM 阶次的选择，取决于传输信道的质量，传输信道的质量越好，干扰越小，可用的阶次就越大。正交幅度调制根据电平的幅度和相位，分为 16QAM/32QAM/64QAM/128QAM/256QAM，阶数越高，其传输效率越高。但是，也并不能无限地通过增加电平级数来增加传输码率，因为随着电平数的增加，电平间的间隔减少，噪声容限减少，同样噪声条件下，会导致误码增加；在时间抽上也会如此，各相位间隔减小，码间干扰增加，抖动和定时问题都会使接收效果变差。有代表性的 16QAM，由 I 路和 Q 路两个正交矢量唯一地对应出每个坐标点的位置，其星座如图 2-15-2 所示。

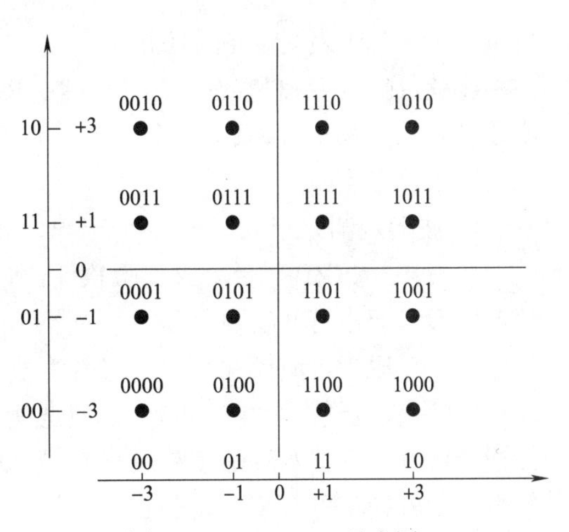

图 2-15-2　16QAM 星座图

正交振幅解调原理如图 2-15-3 所示。

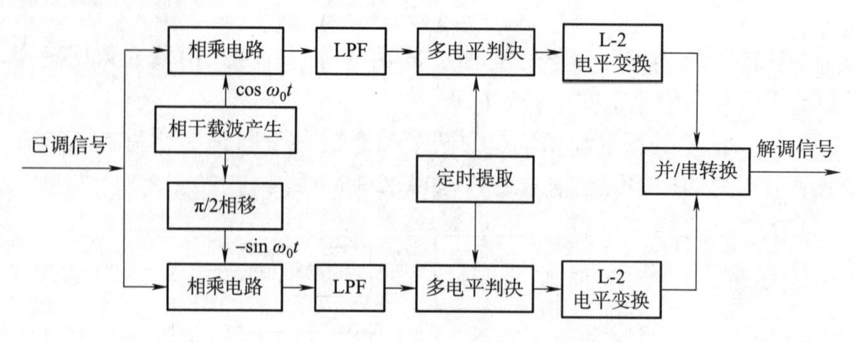

图 2-15-3　16QAM 解调原理图

六、实验步骤

1. 实验准备

(1)硬件环境准备

①连接 XSRP 平台电源线、天线、USB 转串口线和网线。

②连接 XSRP 平台的 3 根 BNC 线到示波器的 CH1、CH2 和 EXT。

③在计算机的任意 USB 接口插上加密狗。

④打开 XSRP 平台电源开关，对应电源指示灯亮，并且信号指示灯交替闪烁，表明设备工作正常。

(2)软件环境准备

①双击打开 XSRP 平台集成开发软件，启动后会提示硬件加载的过程，如果都显示“Successful”，则表明设备通信正常。

②软件启动后，观察右上角，如果“ARM 状态”和“FPGA 状态”都亮绿色指示灯，则表明硬件和软件都正常；只有一个指示灯亮或者两个都不亮，则表明设备工作不正常，需要排除问题后再做实验。

2. 波形观测并记录

(1)打开 XSRP 平台集成实验软件，在程序界面左侧的实验目录中，找到“16QAM 调制解调实验”，双击打开实验界面。

(2)在“原理讲演模式”下，设置数据类型为“随机数据”，数据长度为“24”，符号速率为“256000”，载波频率为“512000”，不勾选噪声，单击“开始运行”，在“实验现象”标签中观察并记录仿真波形：“基带信号”“I 路信号”“Q 路信号”“I 路已调信号”“Q 路已调信号”“已调信号”及“解调信号”，填于表 2-15-1 中。

(3)修改数据类型为“随机数据”，数据长度为“100”，运行程序，在“实验原理”标签中，将波形输出到示波器，观察并记录实测波形：“基带信号”“I 路信号”“Q 路信号”“已调信号”“解调信号”“发送端星座图”及“接收端星座图”，填于表 2-15-1 中。

(4)参照实验原理映射表，验证实验波形与星座图的对应关系。

(5)修改数据长度为“12000”，单击“开始运行”，在“实验原理”标签中，观察各输入与输出点的信号波形，特别是，将“基带信号”“I路信号”“Q路信号”“I路已调信号”“Q路已调信号”“已调信号”及“解调信号”通过探针输出到示波器，观察并记录实测波形，并填于表2-15-1中。

提示：在观察星座图时，设置示波器显示格式为“XY”，将发送端星座图和接收端星座图的波形填于表2-15-1中。

表2-15-1　16QAM调制解调仿真及示波器实测波形记录

波形名称	随机数据仿真波形图	随机数据实测波形图
基带信号		
I路信号		
Q路信号		
I路已调信号		
Q路已调信号		
已调信号		
解调信号		
发送端星座图		
接收端星座图		

3. 代码编写

(1)切换到“编程练习模式”，打开“main. m”文件。

(2)读懂例程，并在MATLAB的程序编辑环境下，单击“Run”，在弹出的对话框中选择“Add to Path”，观察仿真波形输出并记录到表2-15-2中。

(3)在“Student Program”区域内，仿照例程根据要求编写16QAM调制解调程序，输出各仿真波形，并将该波形记录到表2-15-2中。

表2-15-2　编程实现仿真波形记录

16QAM调制解调	波　形　图
例程仿真星座图	
原数据信号	
解调输出信号	

七、实验报告要求

1. 写出实验目的和实验仪器。

2. 完成所有实验内容，按实验步骤整理实验数据与波形并清楚标注，回答其中相关问题。

3. 说明信号波形与星座图的关系。

4. 以附录形式展示编写的源代码。

附录:已有部分代码及编程要求

```
%%%%%%%%%%%%%%%%%%%%%%%%%%%%%%%%%%%%%%%%%%%%%%%%%%%%%%%%%%
%   FileName        : main.m
%   Description     : 16QAM 调制解调程序
%%%%%%%%%%%%%%%%%%%%%%%%%%%%%%%%%%%%%%%%%%%%%%%%%%%%%%%%%%
%   LabName:        16QAM 调制解调实验
%   Task:           自定义长度为 16 的比特数据【1,0,0,1, 0,1,1,0, 0,0,0,0, 1,1,0,0】
%                   根据符号映射原理,生成 IQ 基带信号,并打印星座图
%                   将 IQ 基带信号分别输出到 CH1 和 CH2,用示波器观测信号及星座图点
%%%%%%%%%%%%%%%%%%%%%%%%%%%%%%%%%%%%%%%%%%%%%%%%%%%%%%%%%%
clc
clear
fs= 30720000;% 采样率,硬件系统基准采样率 30.72MHz,fs 可配 30.72MHz,
3.72MHz,307.2kHz , 30.72kHz,或其他(要求 fs 需被 30720000 整除)。fs 最大可配
30.72MHz,fs 最小可配 30000Hz
runType= 1;%运行方式,0 表示仿真,1 表示软硬结合

Rb= 307200;            %符号速率,需为 fs 整除
sample_num= fs/Rb;   %一个符号采样点数
len= 16;              %数据源长度,需为 4 的整数倍
symbol_bit= 4;         %一个符号对应比特数
N= len/symbol_bit* sample_num      %采样点数=sample_num * len

%% 生成数据源
[sourceBit] = [1,0,0,1, 0,1,1,0, 0,0,0,0, 1,1,0,0];

%% 符号映射
len= length(sourceBit);   %码元序列长度
%%%%%%%%%%%%%%%%%%%%%%%%%%%%%%%%%%%%%%%%%%%%%%%%%%%%%%%%%%
%% 符号调制(符号映射)
symbNum= floor(len/4);
a_symb_bit= reshape(sourceBit,4,symbNum);


tab_16qam= [-3-3i, -3-1i,-3+ 3i, -3+ 1i, -1-3i,-1-1i, -1+ 3i, -1+ 1i,
  3-3i,3-1i, 3+ 3i,3+ 1i,  1-3i,1-1i,1+ 3i,1+ 1i];%映射表
symb= zeros(1,symbNum)+ 1+ 1i;
```

```
for n= 1:symbNum
symb(n)= tab_16qam(a_symb_bit(1,n)* 8+ a_symb_bit(2,n)* 4+ a_symb_bit
(3,n)* 2+ a_symb_bit(4,n)* 1+ 1);
end

%%%%%%%%%%%%%%%%%%%%%%%%%%%%%%%%%%%%%%%%
%% 过采样
a_s= zeros(1,len* sample_num/4);
for n= 1:len
    a_s(1,(n-1)* sample_num/4+ 1:n* sample_num/4)= sourceBit(n);
end

symb_s= zeros(1,len* sample_num/4);
for n= 1:symbNum
    symb_s(1,(n-1)* sample_num+ 1:n* sample_num)= symb(n);
end

%% 调用 DA 输出函数
if  runType= = 1
    CH1_data= real(symb_s);
    CH2_data= imag(symb_s);
    divFreq= floor(30720000/fs-1);%分频值,999 分频系统采样率为 30720Hz,99
分频系统采样率为 307200Hz, 9 分频系统采样率为 3072000Hz,0 分频系统采样率
30720000Hz
    dataNum= N;
    isGain= 1;%增益开关,0 表示不对值放大,1 表示对值放大
    DA_OUT(CH1_data,CH2_data,divFreq,dataNum,isGain);%调用此函数之前,确
保 XSRP 开启及线连接正常
end

%% 打印
figure
plot(symb,'* ');title('星座图')

%%-----------------------Example End---------------------------%%


%%-----------------------Student Program-----------------------%%
```

```
%%%%%%%%%%%%%%%%%%%%%%%%%%%%%%%%%%%%%%%%%%%%%%%%%%%%%%%%%%%%
% LabName:     16QAM 调制解调实验
% Task:        自定义长度为 5 的 IQ 符号数据比特数据【1－1i,1＋1i,1－3i,3＋3i,
               －3－1i】
%              根据符号映射原理,进行解符号映射
%              并将还原后比特数据用示波器输出
%%%%%%%%%%%%%%%%%%%%%%%%%%%%%%%%%%%%%%%%%%%%%%%%%%%%%%%%%%%%

%%--------------------------Student Program End--------------------------%%
```

实验十六 汉明码编解码及检错、纠错性能验证实验

一、实验目的

1. 掌握汉明码编码原理。
2. 掌握汉明码译码原理和方法。
3. 掌握通过 MATLAB 编程实现汉明码的编译码的方法。

二、实验仪器

1. 硬件平台:XSRP 平台一台、计算机一台、数字示波器一台。
2. 软件平台:XSRP 平台集成开发软件、MATLAB2012b。

三、实验内容

1. 观测并记录汉明码编码输出并验证编码原理。
2. 观测并记录汉明码纠错解码过程。
3. 读懂参考例程的程序,观察并记录软件仿真波形和示波器实测波形。
4. 根据学生编程的要求,现场编写 MATLAB 程序,观察并记录程序运行结果。

四、实验预习要求

1. 复习实验原理。
2. 根据附录中的已有代码用 MATLAB 预编写汉明码解码 M 文件。

五、实验原理

1. 汉明码编码

汉明码是一种能够纠正一位错码且编码效率较高的线性分组码。以典型的(7,4)汉明码为例,码长为 7,信息位数为 4,这种码能够纠正一个错码或检测两个错码。用 a6a5a4a3a2a1a0 表示这 7 个码元,用 S1S2S3 表示 3 个监督关系式中的校正子,S1S2S3 的值与错码位置的对应关系见表 2-16-1。

表 2-16-1 校正子和错码位置的关系

S1S2S3	错码位置	S1S2S3	错码位置
001	a0	101	a4
010	a1	110	a5
100	a2	111	a6
011	a3	000	无错

接收端收到每个码组后,先按以下校验矩阵式计算出 S1S2S3,再按表判断错码情况。例如,若接收码组为 0000011,按上式计算可得 S1=0,S2=1,S3=1。查表知 S1S2S3 为 011

时在 a3 位有一错码。

$$S1 = a6 \oplus a5 \oplus a4 \oplus a2$$
$$S2 = a6 \oplus a5 \oplus a3 \oplus a1$$
$$S3 = a6 \oplus a5 \oplus a3 \oplus a0$$

发送端给定信息位后，可以直接按表 2-16-2 查得监督位。

表 2-16-2　监督位与信息位关系

信 息 位	监 督 位	信 息 位	监 督 位
a6a5a4a3	a2a1a0	a6a5a4a3	a2a1a0
0 0 0 0	0 0 0	1 0 0 0	1 1 1
0 0 0 1	0 1 1	1 0 0 1	1 0 0
0 0 1 0	1 0 1	1 0 1 0	0 1 0
0 0 1 1	1 1 0	1 0 1 1	0 0 1
0 1 0 0	1 1 0	1 1 0 0	0 0 1
0 1 0 1	1 0 1	1 1 0 1	0 1 0
0 1 1 0	0 1 1	1 1 1 0	1 0 0
0 1 1 1	0 0 0	1 1 1 1	1 1 1

2. 汉明译码

译码是编码的反过程，先将收到的码元按帧同步和位同步信号成 7 位码元一组分组，然后每 7 位码元还原为 4 位码元，并纠正一位错码，最后将还原的所有信息码元输出。

六、实验步骤

1. 实验准备

(1)硬件环境准备

①连接 XSRP 平台电源线、天线、USB 转串口线和网线。

②连接 XSRP 平台的 3 根 BNC 线到示波器的 CH1、CH2 和 EXT。

③在计算机的任意 USB 接口插上加密狗。

④打开 XSRP 平台电源开关，对应电源指示灯亮，并且信号指示灯交替闪烁，表明设备工作正常。

(2)软件环境准备

①双击打开 XSRP 平台集成开发软件，启动后会提示硬件加载的过程，如果都显示“Successful”，则表明设备通信正常。

②软件启动后，观察右上角，如果“ARM 状态”和“FPGA 状态”都亮绿色指示灯，则表明硬件和软件都正常；只有一个指示灯亮或者两个都不亮，则表明设备工作不正常，需要排除问题后再做实验。

2. 波形观测并记录

(1)打开 XSRP 平台集成实验软件，在程序界面左侧的实验目录中，找到“汉明码编译码实验”，双击打开实验界面。

(2)在“原理讲演模式”下，设置数据类型为“随机数据”，误码位置为“0”，单击“开始运行”，观察并记录“数据源”“汉明码编码后数据”及“汉明码解码后数据”仿真波形，填于表 2-16-3 中。

(3)修改数据类型为“10 交替”，误码位置为“2”，DA 输出配置为输出，运行程序，将波形输出到示波器，观察并比较仿真波形和示波器实测波形，记录“数据源”“汉明码编码后数据”及“汉明码解码后数据”的实测波形，填于表 2-16-3 中。

表 2-16-3　汉明码编解码仿真及示波器实测波形记录

波形名称	随机数据仿真波形图	“10”交替实测波形图
数据源		
汉明码编码后数据		
汉明码解码后数据		

3. 代码编写

(1)切换到“编程练习模式”，打开“main. m”文件。

(2)读懂例程，并在 MATLAB 的程序编辑环境下，单击“Run”，在弹出的对话框中选择“Add to Path”，观察仿真波形输出并记录到表 2-16-4 中。

(3)在“Student Program”区域内，仿照例程根据要求编写汉明码解码程序，输出解码仿真波形，并将记录到表 2-16-4 中。

表 2-16-4　编程实现仿真波形记录

汉明码编解码	波　形　图
数据源	
汉明码编码后数据	
汉明码解码后数据	

七、实验报告要求

1. 写出实验目的和实验仪器。

2. 完成所有实验内容，按实验步骤整理实验数据与波形并清楚标注，回答其中相关问题。

3. 指出表 2-16-3 实测波形中出现的误码，并判断解码后是否纠错。

4. 以附录形式展示编写的源代码。

附录：已有部分代码及编程要求

```
%%------------------------Example---------------------------------%%
%%%%%%%%%%%%%%%%%%%%%%%%%%%%%%%%%%%%%%%%%%%%%%%%%%%%%%%%%%%%%%%%%%%%%%
%   LabName:                    汉明码(7,4)编码实验
%   Task:                       随机生成 4 位 bit 数据
%                               对数据进行汉明编码，并将编码前和编码后的数据输出
```

到CH1和CH2,用示波器观察波形

```
%%%%%%%%%%%%%%%%%%%%%%%%%%%%%%%%%%%%%%%%%
clc
clear

fs= 30720000;% 采样率,硬件系统基准采样率 30.72MHz,fs 可配 30.72MHz,3.72MHz,307.2kHz ,30.72kHz,或其他(要求 fs 需被 30720000 整除)。fs 最大可配 30.72MHz,fs 最小可配 30000Hz
Rb= 15360;%码元速率,需为 fs 整除
runType= 1;%运行方式,0 表示软件仿真,1 表示软硬结合(可通过显示硬件 DA 输出,通过示波器分析波形)
len= 4;%数据源长度,由于是(7,4)汉明码,数据源长度为 4,监督位长度为 3 ,编码后数据长度为 7
len_out= 7;
sample_num= fs/Rb;%1 个码元采样点数
N= len* sample_num%总样点数
dt= 1/fs;
t= 0:dt:(N-1)* dt;
N1= len_out* sample_num;
t1= 0:dt:(N1-1)* dt;

%% 汉明码编解码

%% 生成数据源
dataBit= randint(1,len)

%% 汉明码编码
checkBit= zeros(1,3);
a6= dataBit(1,1);
a5= dataBit(1,2);
a4= dataBit(1,3);
a3= dataBit(1,4);

%计算 3 位监督位
a0= xor(xor(a6,a4),a3);
a1= xor(xor(a6,a5),a3);
a2= xor(xor(a6,a5),a4);
checkBit= zeros(1,3);
```

```
checkBit= [a2,a1,a0];
%将监督位和信息为串行拼接
encodeData(1,:)= [dataBit(1,:),checkBit]


%% 过采样
dataBit_s= zeros(1,N);
encodeData_s= zeros(1,N1);
for n= 1:len
    dataBit_s(1,(n-1)* sample_num+ 1:n* sample_num)= dataBit(n);
end
for n= 1:len_out
    encodeData_s(1,(n-1)* sample_num+ 1:n* sample_num)= encodeData(n);
end

%% 调用 DA 输出函数
if runType= = 1
    CH1_data= dataBit_s;
    CH2_data= encodeData_s;
    divFreq= floor(30720000/fs-1);%分频值,999 分频系统采样率为 30720Hz,99
分频系统采样率为 307200Hz, 9 分频系统采样率为 3072000Hz,0 分频系统采样率
30720000Hz
    dataNum= N1;
    isGain= 1;
    DA_OUT(CH1_data,CH2_data,divFreq,dataNum,isGain);%调用此函数之前,确
保 XSRP 开启及线连接正常
end

%% 打印波形
figure(1)
subplot(211)
plot(t,dataBit_s);
xlabel('时间(s)');ylabel('幅值(v)');ylim([-1,2]);
title('数据源')
subplot(212)
plot(t1,encodeData_s);
xlabel('时间(s)');ylabel('幅值(v)');ylim([-0.2,1.2]);
title('汉明码编码后数据')
```

```
%%------------------------Example End------------------------------%%

%%------------------------Student Program------------------------%%
%%%%%%%%%%%%%%%%%%%%%%%%%%%%%%%%%%%%%%%%%%%%%
% LabName:                汉明码(7,4)解码实验
% Task:                   指定待解码 bit 数据【1001101】,完成(7,4)汉明码解码实验,并判断是否有误码 ,并将编码数据和解码后的数据输出到 CH1 和 CH2,用示波器观察波形
%%%%%%%%%%%%%%%%%%%%%%%%%%%%%%%%%%%%%%%%%%%%%
%%------------------------Student Program End--------------------%%
```

实验十七　循环码编解码及检错、纠错性能验证实验

一、实验目的

1. 掌握循环码编码原理。
2. 掌握循环码译码原理和方法。
3. 掌握通过 MATLAB 编程实现循环码的编译码的方法。

二、实验仪器

1. 硬件平台：XSRP 平台一台、计算机一台、数字示波器一台。
2. 软件平台：XSRP 平台集成开发软件、MATLAB2012b。

三、实验内容

1. 观测并记录循环码编码输出并验证编码原理。
2. 观测并记录循环码纠错解码过程。
3. 读懂参考例程的程序，观察并记录软件仿真波形和示波器实测波形。
4. 根据学生编程的要求，现场编写 MATLAB 程序，观察并记录程序运行结果。

四、实验预习要求

1. 复习实验原理。
2. 根据附录中的已有代码用 MATLAB 预编写循环码解码 M 文件。

五、实验原理

1. 循环码

循环码是线性分组码中最重要的一种子类，是目前研究得比较成熟的一类码。它的检错、纠错能力较强，编码和译码设备并不复杂，而且性能较好，不仅能纠正随机错误，也能纠正突发错误。循环码还有易于实现的特点，很容易用带反馈的移位寄存器实现。循环码具有许多特殊的代数性质，这些性质有助于按照要求的纠错能力系统地构造这类码，并且简化译码算法。目前发现大部分线性码与循环码有密切的关系，正是由于循环码具有码的代数结构清晰、性能较好、编译码简单和易于实现的特点，因此在目前的计算机纠错系统中所使用的线性分组码都是循环码。

2. 循环码编译码原理

设信息码多项式为 $m(x)$，循环码的码多项式为 $c(x)$，它一定是码多项式的倍式，因此 $c(x)=x^r m(x)+r(x)$，$r(x)$则是 $x^r m(x)$除以 $g(x)$的余式，而 n 位循环码的生成多项式必须为 x^n+1 的因式，且满足一定存在常数项“1”及最高次幂为 $n-k$。表 2-17-1 为本实验选择了[7,4]循环码，其生成多项式为：$g(x)= x^3+x^2+1$。

表 2-17-1　(7,x)循环码生成多项式

序号	输入序列	输出序列	序号	输入序列	输出序列
1	0000	0000000	9	1000	1000110
2	0001	0001101	10	1001	1001011
3	0010	0010111	11	1010	1010001
4	0011	0011010	12	1011	1011100
5	0100	0100011	13	1100	1100101
6	0101	0101110	14	1101	1101000
7	0110	0110100	15	1110	1110010
8	0111	0111001	16	1111	1111111

循环码也是线性分组码的一种,其编码见表 2-17-2。

表 2-17-2　(7,4)循环码编码表

(7,k)	生成多项式 $g(x)$
(7,1)	$(x^3+x+1)(x^3+x^2+1)$
(7,3)	$(x+1)(x^3+x+1)$或$(x+1)(x^3+x^2+1)$
(7,4)	x^3+x+1 或 x^3+x^2+1
(7,6)	$x+1$

循环码生成矩阵为

$$\boldsymbol{G}=\begin{bmatrix}1&1&0&1&0&0&0\\0&1&1&0&1&0&0\\0&0&1&1&0&1&0\\0&0&0&1&1&0&1\end{bmatrix}$$

转换为典型矩阵为

$$\boldsymbol{G}=\begin{bmatrix}1&0&0&0&1&1&0\\0&1&0&0&0&1&1\\0&0&1&0&1&1&1\\0&0&0&1&1&0&1\end{bmatrix}$$

循环码译码有两种要求:检错和纠错。若用于检错,则只要判断接收码组 $R(x)$是否能整除 $g(x)$,若整除,即余式为 0,则表明接收正确,否则表示有错,若用于纠错,还应将余式用查表或计算校正的方法等得到错误图 $E(x)$,再将 $R(x)$与 $E(x)$模式相加便得到纠错后的译码,上述的译码方法是由于循环码特殊的数字结构决定的,它仅适用于循环码译码。

与上述生成矩阵对应的循环码监督矩阵为

$$\boldsymbol{H}=\begin{bmatrix}1&0&1&1&1&0&0\\1&1&1&0&0&1&0\\0&1&1&1&0&0&1\end{bmatrix}$$

例如 $R(x)=0110001$, $\dfrac{R(x)}{g(x)}$的余数为 1000,则 $E(x)=0001000$,纠错后译码为

0111001，若 $R(x)=0101001$，则余数为 0111，则 $E(x)=0010000$，则纠错后译码为 0111001，对 $g(x)=10111$，余数为 1011，1110，0111，1000，0100，0010，0001 均可纠错，对应的错误图样分别为 100000，0100000，0010000，0001000，0000100，0000010，0000001，若余数为其他图样，则表明错码为 2 个或 2 个以上，则无法纠错。

注：由于循环码也属于线性分组码，采用一般分组码译码的方法也可以对其译码。

六、实验步骤

1. 实验准备

(1)硬件环境准备

①连接 XSRP 平台电源线、天线、USB 转串口线和网线。

②连接 XSRP 平台的 3 根 BNC 线到示波器的 CH1、CH2 和 EXT。

③在计算机的任意 USB 接口插上加密狗。

④打开 XSRP 平台电源开关，对应电源指示灯亮，并且信号指示灯交替闪烁，表明设备工作正常。

(2)软件环境准备

①双击打开 XSRP 平台集成开发软件，启动后会提示硬件加载的过程，如果都显示“Successful”，则表明设备通信正常。

②软件启动后，观察右上角，如果“ARM 状态”和“FPGA 状态”都亮绿色指示灯，则表明硬件和软件都正常，只有一个指示灯亮或者两个都不亮，则表明设备工作不正常，需要排除问题后再做实验。

2. 波形观测并记录

(1)打开 XSRP 平台集成实验软件，在程序界面左侧的实验目录中，找到“循环码编译码实验”，双击打开实验界面。

(2)在“原理讲演模式”下，设置数据类型为“随机数据”，误码位置为“0”，单击“开始运行”，观察并记录“数据源”“循环码编码后数据”及“循环码解码后数据”仿真波形，填于表 2-17-3 中。

表 2-17-3　循环码编解码仿真及示波器实测波形记录

波形名称	随机数据仿真波形图	“10”交替实测波形图
数据源		
循环码编码后数据		
循环码解码后数据		

(3)修改数据类型为“10 交替”，误码位置为“2”，DA 输出配置为输出，运行程序，将波形输出到示波器，观察并比较仿真波形和示波器实测波形，并记录“数据源”“循环码编码后数据”及“循环码解码后数据”的实测波形，填于表 2-17-3 中。

3. 代码编写

(1)切换到“编程练习模式”，打开“main. m”文件。

(2)读懂例程，并在 MATLAB 的程序编辑环境下，单击“Run”，在弹出的对话框中选择

“Add to Path”，观察仿真波形输出并记录到表 2-17-4 中。

表 2-17-4　编程实现仿真波形记录

循环码编解码	波　形　图
数据源	
循环码编码后数据	
循环码解码后数据	

(3)在“Student Program”区域内，仿照例程根据要求编写循环码解码程序，输出解码仿真波形，并将记录到表 2-17-4 中。

七、实验报告要求

1. 写出实验目的和实验仪器。
2. 完成所有实验内容，按实验步骤整理实验数据与波形并清楚标注，回答其中相关问题。
3. 指出表 2-17-3 实测波形中出现的误码，并判断解码后是否纠错。
4. 以附录形式展示编写的源代码。

附录：已有部分代码及编程要求

```
%%-------------------------Example--------------------------------%%
%%%%%%%%%%%%%%%%%%%%%%%%%%%%%%%%%%%%%%%%%%%%%%%%%%%%%%%%%%%%%%%%%%%%
% LabName:          循环码(7,4)编码实验
% Task:             生成长度为 4 的比特数据源【1,0,1,0】
%                   生成多项式【1,0,1,1】,对数据源进行(7,4)循环码编码
%                   将编码前和编码后的数据输出到 CH1 和 CH2,通过示波器观察
%                   打印编码后的数据
%%%%%%%%%%%%%%%%%%%%%%%%%%%%%%%%%%%%%%%%%%%%%%%%%%%%%%%%%%%%%%%%%%%%
clc
clear

fs= 30720000;% 采样率,硬件系统基准采样率 30.72MHz, fs 可配 30.72MHz, 3.72MHz,307.2kHz, 30.72kHz,或其他(要求 fs 需被 30720000 整除)。fs 最大可配 30.72MHz,fs 最小可配 30000Hz
Rb= 15360;%码元速率,需为 fs 整除
runType= 1;%运行方式,0 表示软件仿真,1 表示软硬结合(可通过显示硬件 DA 输出,通过示波器分析波形)
len= 4;%数据源长度
len_out= 7;
```

```
sample_num= fs/Rb;%1个码元采样点数
N= len* sample_num%总样点数
dt= 1/fs;
t= 0:dt:(N-1)* dt;
N1= len_out* sample_num;
t1= 0:dt:(N1-1)* dt;

%% 循环码编码
dataBit= randint(1,len);
Gx= [1,1,0,1];
reg= zeros(1,4);
cycle_data =  zeros(1,7);     %7为编码后的数据长度
cycle_data =  [dataBit ,0,0,0];
for k= 1:7
    reg(1,1:3)= reg(1,2:4);
    reg(1,4)= cycle_data(k);
    if reg(1)~ = 0
        reg= xor(reg,Gx);
    end
end
ceeckBit =  reg(2:4);
encodeData =  [dataBit,ceeckBit];
dataBit
encodeData
%% 过采样
dataBit_s= zeros(1,N);
encodeData_s= zeros(1,N1);
for n= 1:len
    dataBit_s(1,(n-1)* sample_num+ 1:n* sample_num)= dataBit(n);
end
for n= 1:len_out
    encodeData_s(1,(n-1)* sample_num+ 1:n* sample_num)= encodeData(n);
end

%% 调用DA输出函数
if runType= = 1
    CH1_data= dataBit_s;
```

```
    CH2_data= encodeData_s;
    divFreq= floor(30720000/fs-1);%分频值,999 分频系统采样率为 30720Hz,99 分频系统采样率为 307200Hz, 9 分频系统采样率为 3072000Hz,0 分频系统采样率 30720000Hz
    dataNum= N1;
    isGain= 1;
    DA_OUT(CH1_data,CH2_data,divFreq,dataNum,isGain);%调用此函数之前,确保 XSRP 开启及线连接正常
end

%% 打印波形
figure(1)
subplot(211)
plot(t,dataBit_s);
xlabel('时间(s)');ylabel('幅值(v)');ylim([-1,2]);
title('数据源')
subplot(212)
plot(t1,encodeData_s);
xlabel('时间(s)');ylabel('幅值(v)');ylim([-0.2,1.2]);
title('循环码编码后数据')

%%-----------------------Example End-----------------------------%%


%%-----------------------Student Program--------------------------%%
%%%%%%%%%%%%%%%%%%%%%%%%%%%%%%%%%%%%%%%%%%
%   LabName:        循环码(7,4)解码实验
%   Task:           生成长度为 7 的比特数据源【1,0,1,0,0,1,1】作为待解码数据比特
%                   生成多项式【1,0,1,1】,对待解码数据比特进行(7,4)循环码解码
%                   将编码数据和解码数据分别输出到 CH1 和 CH2,通过示波器观察
%                   打印解码后的数据
%%%%%%%%%%%%%%%%%%%%%%%%%%%%%%%%%%%%%%%%%%
%%-----------------------Student Program End----------------------%%
```

实验十八　卷积码编码及维特比译码实验

一、实验目的

1. 掌握卷积码编码原理。
2. 掌握卷积码译码原理和方法。
3. 掌握通过 MATLAB 编程实现卷积码编译码的方法。

二、实验仪器

1. 硬件平台:XSRP 平台一台、计算机一台、数字示波器一台。
2. 软件平台:XSRP 平台集成开发软件、MATLAB2012b。

三、实验内容

1. 观测并记录卷积码编码输出并验证编码原理。
2. 观测并记录卷积码纠错解码过程。
3. 读懂参考例程的程序,观察并记录软件仿真波形和示波器实测波形。
4. 根据学生编程的要求,现场编写 MATLAB 程序,观察并记录程序运行结果。

四、实验预习要求

1. 复习实验原理。
2. 根据附录中的已有代码用 MATLAB 预编写卷积码编解码 M 文件。

五、实验原理

1. 卷积码编码

卷积码是一种纠错编码,它将输入的 k 个信息比特编成 n 个比特输出,特别适合以串行形式进行传输,时延小。卷积码编码器一般形式如图 2-18-1 所示,它包括:一个由 N 段组成的输入移位寄存器,每段有 k 段,共 Nk 个寄存器;一组 n 个模 2 和相加器;一个由 n 级组成的输出移位寄存器,对应于每段 k 个比特的输入序列,输出 n 个比特。

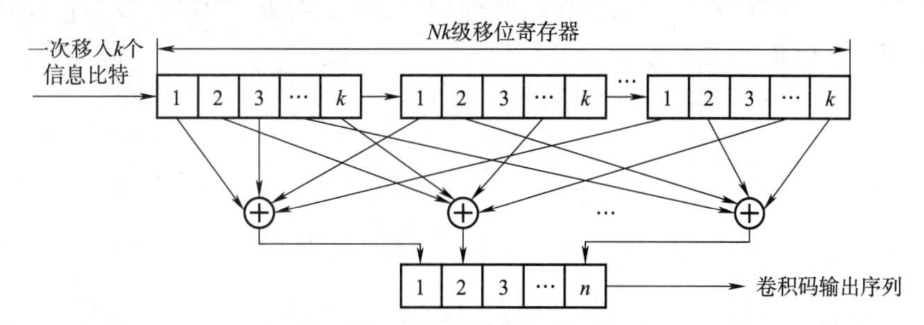

图 2-18-1　卷积码编码器一般形式

由图 2-18-1 可以看到，n 个输出比特不仅与当前的 k 个输入信息有关，还与前$(N-1)k$个信息有关。通常将 N 称为约束长度(有的也把约束长度定为 nN 或 $N-1$)。常把卷积码记为：(n,k,N)，当 $k=1$ 时，$N-1$ 就是寄存器的个数。编码效率定义为

$$R_c=k/n$$

卷积码的表示方法有解析表示法和图解表示法两种。解析表示法，它可以用数学公式直接表达，包括离散卷积法、生成矩阵法、码生成多项式法；图解表示法，包括树状图、网络图和状态图 3 种。一般情况下，解析表示法比较适合描述编码过程，而图形法比较适合描述译码。

下面以(2,1,3)卷积编码器为例详细讲述卷积码的产生原理和表示方法。(2,1,3)卷积码的约束长度为 3，编码速率为 1/2，编码器的结构如图 2-18-2 所示。

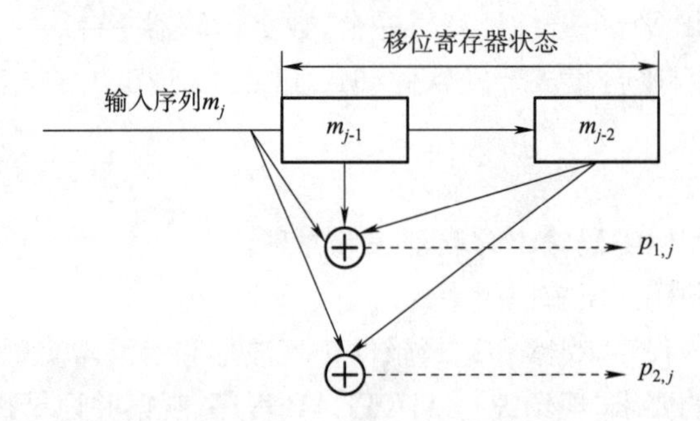

图 2-18-2　(2,1,3)卷积码编码器的结构

以码多项式法为例：用多项式来表示输入序列、输出序列、编码器中移位寄存器与模 2 和的连接关系。为了简化，仍以上述(2,1,3)卷积码为例，例如输入序列 1011100…可表示为

$$M(x)=1+x^2+x^3+x^4+\cdots$$

在一般情况下，输入序列可表示为

$$M(x)=m_1+m_2x+m_3x^2+m_4x^3+\cdots$$

式中，$m_1,m_2,m_3,m_4\cdots$为二进制表示(1 或 0)的输入序列；x 为移位算子或延迟算子，它标志着位置状况。

用多项式表示移位寄存器各级与模 2 加的连接关系，若某级寄存器与模 2 加相连接，则相应多项式项的系数为 1；反之，无连接线时的相应多项式项系数为 0。以(2,1,3)卷积编码器为例，相应的生成多项式为

$$\begin{cases} g_1(x)=1+x+x^2 \\ g_2(x)=1+x^2 \end{cases}$$

利用生成多项式与输入序列多项式相乘，可以产生输出序列多项式，得到输出序列为

$$\begin{aligned} P_1(x)&=M(x)g_1(x)=(1+x^2+x^3+x^4)(1+x+x^2) \\ &=1+x^2+x^3+x^4+x+x^3+x^4+x^5+x^2+x^4+x^5+x^6 \\ &=1+x+x^4+x^6 \end{aligned}$$

$$P_2(x)=M(x)g(x)=(1+x^2+x^3+x^4)(1+x^2)$$

对应的码组为

$$P_1(x)=1+x+x^4+x^6 \leftrightarrow p_1=(1100101)$$
$$P_2(x)=1+x^3+x^5+x^6 \leftrightarrow p_2=(1100101)$$
$$P=(p_1,p_2)=(11,10,00,01,10,01,11)$$

2. 卷积码译码

卷积码译码方法有两类：一类是大数逻辑译码，又称门限译码；另一类是概率译码，概率译码又能分为维特比译码和序列译码两种。门限译码方法是以分组理论为基础的，其译码设备简单、速度快，但其误码性能要比概率译码法差，这里主要介绍维特比译码。

维特比译码和序列译码都属于概率译码。当卷积码的约束长度不太大时，与序列译码相比，维特比译码器比较简单，计算速度更快。维特比译码算法，以后简称 VB 算法。

采用概率译码的一种基本想法是：把已接收序列与所有可能的发送序列做比较，选择其中码距最小的一个序列作为发送序列。如果发送 L 组信息比特对于(n,k)卷积码来说，可能发送的序列有 2^{KL} 个，计算机或译码器需存储这些序列并进行比较，以找到码距最小的那个序列。当传信率和信息组数 L 较大时，使得译码器难以实现。VB 算法则对上述概率译码（又称最大似然解码）做了简化，以至成了一种实用化的概率算法。它并不是在网格图上一次比较所有可能的 2^{KL} 条路径（序列），而是接收一段，计算和比较一段，选择一段有最大似然可能的码段，从而达到整个码序列是一个有最大似然值的序列。

下面将用(2,1,3)卷积码编码器图所编出的码为例，来说明维特比解码的方法和运作过程。设输入编码器的信息序列为(1 1 0 1 1 0 0 0)，则由编码器输出的序列 Y=(1 1 0 1 0 1 0 0 0 1 0 1 1 1 0 0)，编码器的状态转移路线为 abcdbdca。若收到的序列 R=(0 1 0 1 0 1 1 0 0 1 0 1 1 1 0 0)，对照网格图来说明维特比译码的方法。

由于该卷积码的约束长度为 6 位，因此先选择接收序列的前 6 位序列 R_1=(0 1 0 1 0 1)同到达第 3 时刻可能的 8 个码序列（即 8 条路径）进行比较，并计算出码距。该例中到达第 3 时刻 a 点的路径序列是(0 0 0 0 0 0)和(1 1 1 0 1 1)，它们与 R_1 的距离分别是 3 和 4；到达第 3 时刻 b 点的路径序列是(0 0 0 0 1 1)和(1 1 1 0 0 0)，它们与 R_1 的距离分别是 3 和 4，到达第 3 时刻 c 点的路径序列是(0 0 1 1 1 0)和(1 1 0 1 1 0)，与 R_1 的距离分别是 4 和 1；到达第 3 时刻 d 点的路径序列是(0 0 1 1 0 1)和(1 1 0 1 1 0)，与 R_1 的距离分别是 2 和 3。上述每个节点都保留码距较小的路径为幸存路径，所以幸存路径码序列是(0 0 0 0 0 0)(0 0 0 0 1 1)(1 1 0 1 0 1)和(0 0 1 1 0 1)，如图 2-18-3(a)所示。用与上面类同的方法可以得到第 4、5、6、7 时刻的幸存路径。

需指出，对于某一个节点而言，比较两条路径与接收序列的累计码距时，若发生两个码距值相等，则可以任选一路径作为幸存路径，此时不会影响最终的译码结果。图 2-18-3(b)给出了第 5 时刻的幸存路径，读者可自行验证。在码的终了时刻 a 状态，得到一根幸存路径，如图 2-18-3(c)所示。由此看到译码器输出是 R'=(1 1 0 1 0 1 0 0 0 1 0 1 1 1 0 0)，即可变换成序列(1 1 0 1 1 0 0 0)，恢复了发端原始信息。比较 R' 和 R 序列，可以看到在译码过程中已纠正了在码序列第 1 位和第 7 位上的差错。当然，差错出现太频繁，以至超出卷积码的纠错能力，则会发生误纠，这是不希望的。

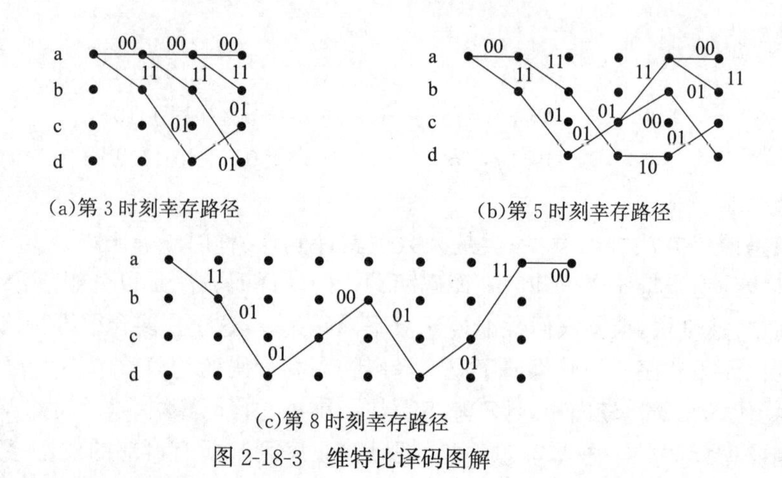

(a)第 3 时刻幸存路径　(b)第 5 时刻幸存路径

(c)第 8 时刻幸存路径

图 2-18-3　维特比译码图解

从译码过程看到，维特比算法所需要的存储量是 2^N，在上例中仅为 8，这对于约束长度 $N<10$ 的译码是很有吸引力的。

六、实验步骤

1. 实验准备

(1)硬件环境准备

①连接 XSRP 平台电源线、天线、USB 转串口线和网线。

②连接 XSRP 平台的 3 根 BNC 线到示波器的 CH1、CH2 和 EXT。

③在计算机的任意 USB 接口插上加密狗。

④打开 XSRP 平台电源开关，对应电源指示灯亮，并且信号指示灯交替闪烁，表明设备工作正常。

(2)软件环境准备

①双击打开 XSRP 平台集成开发软件，启动后会提示硬件加载的过程，如果都显示"Successful"，则表明设备通信正常。

②软件启动后，观察右上角，如果"ARM 状态"和"FPGA 状态"都亮绿色指示灯，则表明硬件和软件都正常；只有一个指示灯亮或者两个都不亮，则表明设备工作不正常，需要排除问题后再做实验。

2. 波形观测并记录

(1)打开 XSRP 平台集成实验软件，在程序界面左侧的实验目录中，找到"卷积码编译码实验"，双击打开实验界面。

(2)在"原理讲演模式"下，设置数据类型为"随机数据"，数据源长度为"10"，单击"开始运行"，观察并记录"数据源""卷积码编码后数据"及"卷积码解码后数据"仿真波形，填于表 2-18-1 中。

表 2-18-1　卷积码编解码仿真及示波器实测波形记录

波形名称	随机数据仿真波形图	"10"交替实测波形图
数据源		
卷积码编码后数据		
卷积码解码后数据		

(3)修改数据类型为"10 交替",DA 输出配置为输出,运行程序,将波形输出到示波器,观察并比较仿真波形和示波器实测波形,并记录"数据源""卷积码编码后数据"及"卷积码解码后数据"的实测波形,填于表 2-18-1 中。

3. 代码编写

(1)切换到"编程练习模式",打开"main. m"文件。

(2)读懂例程,并在 MATLAB 的程序编辑环境下,单击"Run",在弹出的对话框中选择"Add to Path",观察仿真波形输出并记录到表 2-18-2 中。

表 2-18-2　编程实现波形记录

循环码编解码	例程波形图	自编程序波形图
数据源		
卷积码编码后数据		
包含误码的卷积码数据		
卷积码解码后数据		

(3)在"Student Program"区域内,仿照例程编写卷积码编解码程序,要求在解码时任意设置一位误码,进行纠错解码,观察并记录各仿真波形,填于表 2-18-2 中。

七、实验报告要求

1. 写出实验目的和实验仪器。

2. 完成所有实验内容,按实验步骤整理实验数据与波形并清楚标注,回答其中相关问题。

3. 指出表 2-18-2 实测波形中出现的误码,并判断解码后是否纠错。

4. 以附录形式展示编写的源代码。

附录:已有部分代码及编程要求

```
%%------------------------Example-----------------------------------%%
%%%%%%%%%%%%%%%%%%%%%%%%%%%%%%%%%%%%%%%%%%%%%%%%%%%%%%%%%%%%%%%%%%%%%%
%   LabName:              卷积编解码实验
%   Task:                 生成数据长度为 10 的比特数据源【1,0,0,1,1,0,1,1,0,1】
%                         约束长度为 7,生成多项式为【171,133】进行 1/2 卷积编码
%                         解码可用 Matlab 自带函数 vitdec 进行译码
```

```
%                        统计译码比特和数据源的误码数
%%%%%%%%%%%%%%%%%%%%%%%%%%%%%%%%%%%%%%%%%
clc
clear

fs= 30720000;% 采样率,硬件系统基准采样率 30.72MHz,fs 可配 30.72MHz,
3.72MHz,307.2kHz, 30.72kHz,或其他(要求 fs 需被 30720000 整除)。fs 最大可配
30.72MHz,fs 最小可配 30000Hz
Rb= 153600;%码元速率,需为 fs 整除
runType= 1;%运行方式,0 表示软件仿真,1 表示软硬结合

K = 7;%7 为约束度
CodeGenerator = [171, 133];%171 为 8 进制,对应为 1 1 1 1 0 0 1,133 为 1 0 1 1 0 1 1

len_in= 10;%数据源长度
len_out= (len_in+ K-1)* 2;
sample_num= fs/Rb;%1 个码元采样点数
N= len_in* sample_num%总样点数
dt= 1/fs;
t= 0:dt:(N-1)* dt;
N1= len_out* sample_num;
t1= 0:dt:(N1-1)* dt;

%% 卷积码编解码
dataBit= [1,0,0,1,1,0,1,1,0,1]; %% 生成数据源

%% 数据源进行卷积编码
reg= zeros(1,6);
sourceBit= [dataBit,0,0,0,0,0,0];%加 6 个尾比特
len= length(sourceBit);
first= zeros(1,len);
second= zeros(1,len);
code_data= zeros(1,2* len);
for n= 1:len
    first(n)= xor(xor(xor(xor(sourceBit(n),reg(1)),reg(2)),reg(3)),reg
(6));
    second(n)= xor(xor(xor(xor(sourceBit(n),reg(2)),reg(3)),reg(5)),
reg(6));
```

```
    reg(6)= reg(5);
    reg(5)= reg(4);
    reg(4)= reg(3);
    reg(3)= reg(2);
    reg(2)= reg(1);
    reg(1)= sourceBit(n);
    code_data(1,(n-1)* 2+ 1:2* n)= [first(n),second(n)];
end
code_data(1,(n-1)* 2+ 1:2* n)= [first(n),second(n)];
Tch_co_data= code_data

%% 卷积解码
len1= length(Tch_co_data);
trellis = poly2trellis(K, CodeGenerator);
decode_data = vitdec(Tch_co_data, trellis, len1/2,'trunc','hard');%维
特比译码
decodeBit= decode_data(1,1:length(decode_data)-6)

errorNum= sum(xor(dataBit,decodeBit)) %% 统计误码数

%% 过采样
source_data_s= zeros(1,len_in* sample_num);
code_data_s= zeros(1,len_out* sample_num);
decode_data_s= zeros(1,len_in* sample_num);
for n= 1:len_in
     source_data_s(1,(n-1)* sample_num+ 1:n* sample_num)= dataBit(1,n);
     decode_data_s(1,(n-1)* sample_num+ 1:n* sample_num)= decodeBit(1,n);
end
for n= 1:len_out
     code_data_s(1,(n-1)* sample_num+ 1:n* sample_num)= code_data(1,n);
end

%% 调用 DA 输出函数
if runType= = 1
    CH1_data= source_data_s;
    CH2_data= code_data_s;
    divFreq= floor(30720000/fs-1);%分频值,999 分频系统采样率为 30720Hz,99
分频系统采样率为 307200Hz, 9 分频系统采样率为 3072000Hz,0 分频系统采样率
```

```
30720000Hz
    dataNum= N1;
    isGain= 1;
    DA_OUT(CH1_data,CH2_data,divFreq,dataNum,isGain);%调用此函数之前,确保XSRP开启及线连接正常
end

%% 打印波形
figure(1)
subplot(311)
plot(t,source_data_s);
xlabel('时间(s)');ylabel('幅值(v)');ylim([-1,2]);
title('数据源')
subplot(312)
plot(t1,code_data_s);
xlabel('时间(s)');ylabel('幅值(v)');ylim([-0.2,1.2]);
title('卷积码编码后数据')
subplot(313)
plot(t,decode_data_s);
xlabel('时间(s)');ylabel('幅值(v)');ylim([-1,2]);
title('卷积码解码数据')
%%------------------------Example End-----------------------------%%

%%------------------------Student Program--------------------------%%
%%%%%%%%%%%%%%%%%%%%%%%%%%%%%%%%%%%%%%%%%%%%%%%%%%%%%%%%%%%%%%%%%%%%%%%%%%%%%%%%%%%%%%%%%%%%%%%%%%%%%%%%%%%%%%%%%%%%%%%%%%%%%%%
%   LabName:                时隙同步与帧同步实验
%   Task:                   生成数据长度为10的比特数据源【1,0,1,0,1,0,0,1,0,1】
%                           约束长度为7,生成多项式为【171,133】进行1/2卷积编码,可调用Matlab库卷积编码函数
%                           解码可用Matlab库函数vitdec,进行译码
%                           统计译码比特和数据源的误码数
%%%%%%%%%%%%%%%%%%%%%%%%%%%%%%%%%%%%%%%%%%%%%%%%%%%%%%%%%%%%%%%%%%%%%%%%%%%%%%%%%%%%%%%%%%%%%%%%%%%%%%%%%%%%%%%%%%%%%%%%%%%%%%%

%%------------------------Student Program End----------------------%%
```

实验十九　CRC 编解码及检错性能验证实验

一、实验目的

1. 掌握数据源添加 CRC 比特算法原理。
2. 掌握 CRC 比特校验的实现方法。
3. 掌握通过 MATLAB 编程实现 CRC 校验实验。

二、实验仪器

1. 硬件平台：XSRP 平台一台、计算机一台、数字示波器一台。
2. 软件平台：XSRP 平台集成开发软件、MATLAB2012b。

三、实验内容

1. 观测并记录不同 CRC 比特配置软件仿真波形和示波器实测波形。
2. 读懂参考例程的程序，观察并记录软件仿真波形和示波器实测波形。
3. 根据学生编程的要求，现场编写 MATLAB 程序，观察并记录程序运行结果。

四、实验预习要求

1. 复习实验原理。
2. 根据附录中的已有代码用 MATLAB 预编写 CRC 编解码 M 文件。

五、实验原理

CRC 校验码的作用是：发送方发送的数据在传输过程中受到了信号干扰，可能出现错误码元，造成的结果就是接收方不清楚接收到的数据是否就是发送方发送的，所以就有了 CRC 校验码。CRC 是数据通信领域中最常用的一种差错校验码。

CRC 校验利用线性编码理论，在发送端根据要传送的 k 位二进制码序列，以一定的规则产生一个校验用的监督码(即 CRC 码)r 位，并附在信息后面，构成一个新的二进制码序列数共 $k+r$ 位，最后发送出去。在接收端，则根据信息码和 CRC 码之间所遵循的规则进行检验，以确定传送中是否出错。

本实验中传输块上的循环冗余校验 CRC 提供差错检测功能。接收端将接收到的传输块数据再次进行 CRC 编码，将编码得到的 CRC 比特与接收的 CRC 比特进行比较，如果不一致，则接收端认为接收到的传输块数据是错误的。

CRC 位长为 24 bit、16 bit、12 bit、8 bit 或 0 bit，CRC 位越长，则接收端差错检测的遗漏概率越低，每个传输信道使用的 CRC 长度由高层信令给出，整个传输块被用来计算 CRC。CRC 比特的产生来自下面的循环多项式：

$$gCRC24(D)=D24+D23+D6+D5+D+1$$

$$gCRC16(D)=D16+D12+D5+1$$

$$gCRC12(D)=D12+D11+D3+D2+D+1$$
$$gCRC8(D)=D8+D7+D4+D3+D+1$$

12 bit 的 CRC 线性反馈移位寄存器实现如图 2-19-1 所示。

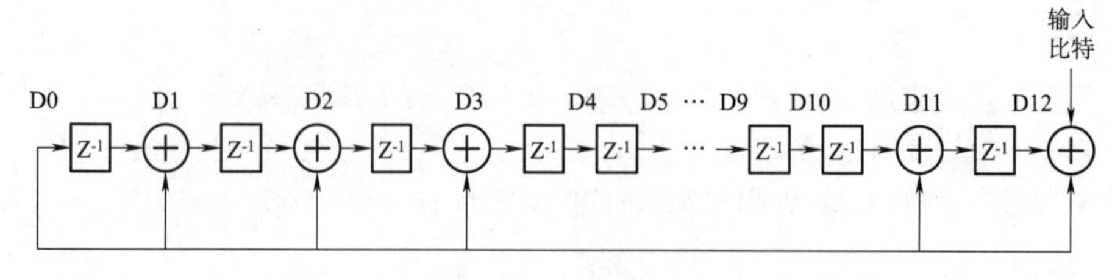

图 2-19-1　12 bit 的 CRC 线性反馈移位寄存器实现

8 bit 的 CRC 线性反馈移位寄存器实现如图 2-19-2 所示。

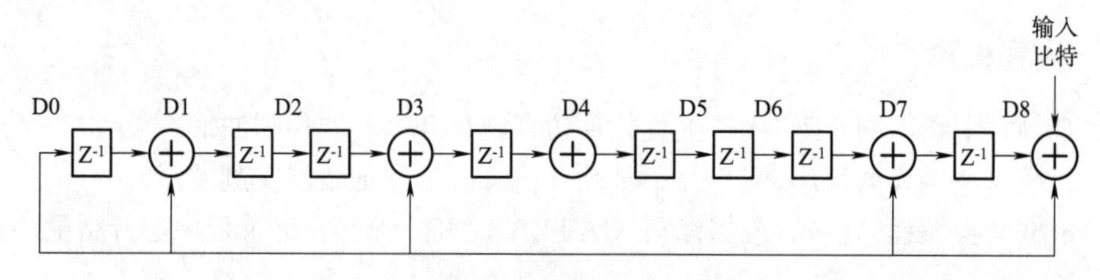

图 2-19-2　8 bit 的 CRC 线性反馈移位寄存器实现

带有 CRC 码块的输入和输出的关系为:传输块数据顺序不变,CRC 比特倒序后添加到传输块数据的后面。这样做是因为在盲速率检测时,检测信息数据速率发生错误检测的概率很低。上行链路的 CRC 与下行链路的 CRC 处理一致。

六、实验步骤

1. 实验准备

(1)硬件环境准备

①连接 XSRP 平台电源线、天线、USB 转串口线和网线。

②连接 XSRP 平台的 3 根 BNC 线到示波器的 CH1、CH2 和 EXT。

③在计算机的任意 USB 接口插上加密狗。

④打开 XSRP 平台电源开关,对应电源指示灯亮,并且信号指示灯交替闪烁,表明设备工作正常。

(2)软件环境准备

①双击打开 XSRP 平台集成开发软件,启动后会提示硬件加载的过程,如果都显示"Successful",则表明设备通信正常。

②软件启动后,观察右上角,如果"ARM 状态"和"FPGA 状态"都亮绿色指示灯,则表明硬件和软件都正常;只有一个指示灯亮或者两个都不亮,则表明设备工作不正常,需要排除问题后再做实验。

2. 波形观测并记录

(1)打开 XSRP 平台集成实验软件,在程序界面左侧的实验目录中,找到“CRC 校验实验”,双击打开实验界面。

(2)在“原理讲演模式”下,设置数据类型为“10 交替数据”,数据源长度为“8”,单击“开始运行”,观察并记录“信息码”“CRC 校验码”及“编码数据”仿真波形,查看校验结果显示是否存在误码,再观察实测波形,并填于表 2-19-1 中,并根据 CRC 校验码波形验证编码原理。

(3)修改 CRC 比特数为“12”,采样率 30 720 000 bit/s,码元速率 153 600 bit/s, DA 输出配置为输出,重做第(2)步,并填表 2-19-1。

表 2-19-1 不同 CRC 比特数配置仿真波形与实测波形记录

CRC 比特数	仿真波形图	实测波形图
8		
12		
16		
24		

(4)修改 CRC 比特数为“16”,重做第(2)步,并填表 2-19-1。

(5)修改 CRC 比特数为“24”,重做第(2)步,并填表 2-19-1。

3. 代码编写

(1)切换到“编程练习模式”,打开“main. m”文件。

(2)读懂例程,并在 MATLAB 的程序编辑环境下,单击“Run”,在弹出的对话框中选择“Add to Path”,观察仿真波形输出并记录到表 2-19-2 中。

(3)在“Student Program”区域内,仿照例程编写卷积码编解码程序,要求在解码时任意设置一位误码,进行纠错解码,观察并记录各仿真波形,填于表 2-19-2 中。

表 2-19-2 编程实现波形记录

CRC 校验	例程波形图	自编程序波形图
仿真波形		
实测波形		

七、实验报告要求

1. 写出实验目的和实验仪器。

2. 完成所有实验内容,按实验步骤整理实验数据与波形并清楚标注,回答其中相关问题。

3. 以附录形式展示编写的源代码。

附录:已有部分代码及编程要求

```
%%%%%%%%%%%%%%%%%%%%%%%%%%%%%%%%%%%%%%%%
%  LabName:              8位CRC码
%  Task:                 生成信源比特【1011010110】
%                        生成多项式g(D)=D8+D7+D4+D3+D1+1,对信源
进行8位CRC编码
%                        并将编码前和编码后的数据输出到DA
%%%%%%%%%%%%%%%%%%%%%%%%%%%%%%%%%%%%%%%%
clc
clear

fs= 30720000;% 采样率,硬件系统基准采样率30.72 MHz
Rb= 153600;%码元速率,需为fs整除
runType= 1;%运行方式,0表示软件仿真,1表示软硬结合
len= 10;%数据源长度
sourceBit= [1,0,1,1,0,1,0,1,1,0];

sample_num= fs/Rb;%1个码元采样点数
N= len* sample_num%总样点数
dt= 1/fs;
t= 0:dt:(N-1)* dt;
crc_num= 8;
len1= len+ crc_num;
N1= len1* sample_num;
t1= 0:dt:(N1-1)* dt;

%% 加8位CRC编码
crc_num= 8;
input_num = length(sourceBit);
out_data = zeros(1, input_num+ crc_num);
crcBit = zeros(1, crc_num);
regOut = zeros(1, crc_num);

for num = 1:input_num;
   regOut = crcBit;               %shift bits
   crcBit(8)  = xor(regOut(7), xor(regOut(8), sourceBit(num)));
```

```
    crcBit(7)  = regOut(6);
    crcBit(6)  = regOut(5);
    crcBit(5)  = xor(regOut(4), xor(regOut(8), sourceBit(num)));
    crcBit(4)  = xor(regOut(3), xor(regOut(8), sourceBit(num)));
    crcBit(3)  = regOut(2);
    crcBit(2)  = xor(regOut(1), xor(regOut(8), sourceBit(num)));
    crcBit(1)  = xor(regOut(8), sourceBit(num));
end
out_data(1, 1:input_num) = sourceBit(1, 1:input_num);
out_data(1, input_num+ 1:input_num+ crc_num) = crcBit

%% 过采样
source_data_s= zeros(1,len* sample_num);
code_data_s= zeros(1,len1* sample_num);
for n= 1:len
      source_data_s(1,(n-1)* sample_num+ 1:n* sample_num)= sourceBit(1,
n);
end
for n= 1:len1
      code_data_s(1,(n-1)* sample_num+ 1:n* sample_num)= out_data(1,n);
end

%% 调用 DA 输出函数
if runType= = 1
    CH1_data= source_data_s;
    CH2_data= code_data_s;
    divFreq= floor(30720000/fs-1);
    dataNum= N1;
    isGain= 1;
    DA_OUT(CH1_data,CH2_data,divFreq,dataNum,isGain);%确保 XSRP 开启及
线连接正常
end

%% 打印波形
figure(1)
subplot(211)
plot(t,source_data_s);
xlabel('时间(s)');ylabel('幅值(v)');ylim([-0.2,1.2]);
```

```
title('数据源')
subplot(212)
plot(t1,code_data_s);
xlabel('时间(s)');ylabel('幅值(v)');ylim([-0.2,1.2]);
title('加 CRC 比特后数据')
%%------------------------Example End-----------------------------%%

%%------------------------Student Programme------------------------%%
%%%%%%%%%%%%%%%%%%%%%%%%%%%%%%%%%%%%%%%%%%%%%%
%   LabName:                8 位 CRC 校验
%   Task:                   生成待校验比特数据【101101011010001101】
%                           生成多项式 g(D)=D8+D7+D4+D3+D1+1,编解校验程序,判断是否有误码
%%%%%%%%%%%%%%%%%%%%%%%%%%%%%%%%%%%%%%%%%%%%%%
%%------------------------Student Programme End--------------------%%
```

实验二十 位同步实验

一、实验目的

1. 掌握位同步信号的原理。
2. 掌握滤波法位同步信号提取的原理和方法。
3. 掌握通过 MATLAB 编程滤波法位同步信号的提取。

二、实验仪器

1. 硬件平台：XSRP 平台一台、计算机一台、数字示波器一台。
2. 软件平台：XSRP 平台集成开发软件、MATLAB2012b。

三、实验内容

1. 观测并记录滤波法位同步信号提取软件仿真波形和示波器实测波形。
2. 读懂参考例程的程序，观察并记录软件仿真波形和示波器实测波形。
3. 根据学生编程的要求，现场编写 MATLAB 程序，并将波形输出到示波器上，观察并记录软件仿真波形和示波器实测波形。

四、实验预习要求

1. 复习实验原理。
2. 根据附录中的已有代码用 MATLAB 预编写位同步信号提取 M 文件。

五、实验原理

数字通信中，除了有载波同步的问题外，还有位同步的问题。因为消息是一串相继的信号码元序列，解调时常常需要知道每个码元的起止时刻。在最佳接收机结构中，需要对积分器或匹配滤波器的输出进行抽样判决。抽样判决的时刻应位于每个码元的终止时刻，因此，接收端必须产生一个用作抽样判决的定时脉冲序列，它和接收码元的终止时刻应对齐。我们把接收端产生与接收码元的重复频率和相位一致的定时脉冲序列的过程称为码元同步或位同步，而这两个脉冲序列为码元脉冲或位同步脉冲。

位同步是为保证正确检测和判决所接收的码元，接收端根据位同步脉冲或同步信息保证与发射端同步工作的一种技术。

位同步用于保证收、发端的主时钟频率相同，位同步的方法和载波同步的方法类似，也可分为外同步法（插入导频法）和自同步法（直接提取法）。

外同步法是在发送码元序列中附加码元同步用的辅助信息，以达到提取码元同步信息的目的。常用的外同步法是于发送信号中插入频率为码元速率或码元速率倍数的同步信号。在接收端利用一个窄带滤波器，将其分离出来，并形成码元定时脉冲。这种方法的优点是设备较简单；缺点是需要占用一定频带带宽和发送功率。然而，在宽带传输系统中，如多路电话系统中，传输同步信息占用的频带和功率为各路信号所分担，每路信号的负担不大。外同步法与载波同步的插入导频法类似，是在基带信号频谱的零点处插入所需导频信号。在接收端利用窄带滤波器提取导频信号，经过相移整形后，即为位同步信号，同时应减去接收信号中的导频分量，以减少导频对信号的影响。另外在频移键控（FSK）和相移键控（PSK）系统中，由于已调信号的幅度是不变的，所以可以用导频对已调信号再次进行幅度调制。在接收端进行包络检波，从而获得导频信号，这种插入方法进行了两次调制，所以也称为双重调制插入法。除此之外，还有导频的时域插入法。

自同步法不需要辅助同步信息，由于二进制等先验概率的不归零（NRZ）码元序列中没有离散的码元速率频谱分量，故需要在接收时对其进行某种非线性变换，才能使其频谱中含有离散的码元速率频谱分量，并从中提取码元定时信息。

六、实验步骤

1. 实验准备

（1）硬件环境准备

①连接 XSRP 平台电源线、天线、USB 转串口线和网线。

②连接 XSRP 平台的 3 根 BNC 线到示波器的 CH1、CH2 和 EXT。

③在计算机的任意 USB 接口插上加密狗。

④打开 XSRP 平台电源开关，对应电源指示灯亮，并且信号指示灯交替闪烁，表明设备工作正常。

（2）软件环境准备

①双击打开 XSRP 平台集成开发软件，启动后会提示硬件加载的过程，如果都显示“Successful”，则表明设备通信正常。

②软件启动后，观察右上角，如果“ARM 状态”和“FPGA 状态”都亮绿色指示灯，则表明硬件和软件都正常；只有一个指示灯亮或者两个都不亮，则表明设备工作不正常，需要排除问题后再做实验。

2. 波形观测并记录

（1）打开 XSRP 平台集成实验软件，在程序界面左侧的实验目录中，找到“位同步实验”，双击打开实验界面。

（2）在“原理讲演模式”下，设置数据类型为“随机数据”，数据源长度为“20”，单击“开始运行”，观察并记录各输出点波形，填于表 2-20-1 中。

表 2-20-1　滤波法位同步信号提取仿真及示波器实测波形记录

波形名称	仿真波形图	实测波形图
CMI 编码后波形		
脉冲形成后波形		
平方器件后波形		
窄带滤波后波形		
位定时抽样脉冲波形		

(3)DA 输出配置为输出，运行程序，将波形输出到示波器，观察并比较仿真波形和示波器实测波形，并记录于表 2-20-1 中。

3. 代码编写

(1)切换到“编程练习模式”，打开“main. m”文件。

(2)读懂例程，并在 MATLAB 的程序编辑环境下，单击“Run”，在弹出的对话框中选择“Add to Path”，观察仿真波形输出并记录到表 2-20-2 中。

表 2-20-2　编程实现波形记录

波形类型	例程波形图	自编程序波形图
仿真波形		
实测波形		

(3)在“Student Program”区域内，仿照例程编写程序，观察并记录各仿真波形，填于表 2-20-2 中。

七、实验报告要求

1. 写出实验目的和实验仪器。

2. 完成所有实验内容，按实验步骤整理实验数据与波形并清楚标注，回答其中相关问题。

3. 以附录形式展示编写的源代码。

附录：已有部分代码及编程要求

```
%%-------------------------Example-----------------------------------%%
%%%%%%%%%%%%%%%%%%%%%%%%%%%%%%%%%%%%%%%%%%%%%%%%%%%%%%%%%%%%%%%%%%%%%%%%%%%%%%%%%%%%
%  LabName:                 码元同步实验
%  Task:                    生成随机长度为 100bit 数据源，对 bit 数据进行 CMI 变换
%                           进行脉冲成形，成形后的数据经过平方器件处理，最后进行窄带滤波，提取峰值位置(即位定时脉冲位置)
%                           将脉冲成形数据和位定时抽样脉冲数据分别输出到 CH1、CH2，观察眼图及抽样脉冲位置
%%%%%%%%%%%%%%%%%%%%%%%%%%%%%%%%%%%%%%%%%%%%%%%%%%%%%%%%%%%%%%%%%%%%%%%%%%%%%%%%%%%%
clc
clear

fs= 30720000; % 采样率，硬件系统基准采样率 30.72MHz，fs 可配 30.72MHz，3.72MHz，307.2kHz ，30.72kHz，或其他(要求 fs 需被 30720000 整除)。fs 最大可配 30.72MHz，fs 最小可配 30000Hz
```

```
Rb= 153600;  %码元速率,需为 fs 整除
runType= 1;%运行方式,0 表示软件仿真,1 表示软硬结合(可通过显示硬件 DA 输出,通过示波器分析波形)
sample_num= fs/Rb;%1 个码元采样点数
len= 100;%随机比特长度
N= len* sample_num%总样点数
dt= 1/fs;
t= 0:dt:(2* N-1)* dt;

[bit_s,rx_data,sqrt_data,bp_data,bit_pulse,errNum]= BitSync(len,fs,Rb);
errNum

%% 调用 DA 输出函数
if runType= = 1
    CH1_data= bit_s;
    CH2_data= bit_pulse;
    divFreq= floor(30720000/fs-1);%分频值,999 分频系统采样率为 30720Hz,99 分频系统采样率为 307200Hz, 9 分频系统采样率为 3072000Hz,0 分频系统采样率 30720000Hz
    dataNum= N;
    isGain= 1;
    DA_OUT(CH1_data,CH2_data,divFreq,dataNum,isGain);%调用此函数之前,确保 XSRP 开启及线连接正常
end

%% 打印波形
figure
subplot(5,1,1);
plot(t,bit_s);xlabel('时间(s)');ylabel('幅值(v)');ylim([-1.2,1.2]);
title('bit 过采样后波形')

subplot(5,1,2);
plot(t,rx_data);xlabel('时间(s)');ylabel('幅值(v)');
title('bit 脉冲成形后波形')

subplot(5,1,3);
plot(t,sqrt_data);xlabel('时间(s)');ylabel('幅值(v)');
```

```
title('经过平方器件后波形')

subplot(5,1,4);
plot(t,bp_data);xlabel('时间(s)');ylabel('幅值(v)');
title('窄带滤波后波形')

subplot(5,1,5);
stem(t,bit_pulse);xlabel('时间(s)');ylabel('幅值(v)');ylim([-0.2,1.2]);
title('位定时抽样脉冲')
```

%%------------------------Example End----------------------------%%

%%------------------------Student Program------------------------%%
%%
% LabName: 码元同步实验
% Task: 生成随机100bit数据源,对bit数据进行CMI变换
% 进行脉冲成形,成形后的数据经过全波整流,最后进行窄带滤波,提取峰值位置(即位定时脉冲位置)
% 将脉冲成形数据和位定时抽样脉冲数据分别输出到CH1、CH2。观察眼图及抽样脉冲位置
% 注:可在原有BitSunc函数的基础上修改
%%

%%-----------------------Student Program End--------------------%%

参考文献

[1] 樊昌信,曹丽娜.通信原理[M].7版.北京:国防工业出版社,2020.
[2] 吴资玉,韩庆文,蒋阳.通信原理:基础理论部分[M].北京:电子工业出版社,2008.
[3] 曹志刚.通信原理与应用:基础理论部分[M].北京:高等教育出版社,2015.